□ 城市更新实践系列

城市更新手册
——政策、案例与百问百答

蒋向国　张　婷　主　编

陈丽翠　李新忠
张婉君　杨文倩　副主编

中国建筑工业出版社

图书在版编目（CIP）数据

城市更新手册：政策、案例与百问百答 / 蒋向国，张婷主编；陈丽翠等副主编. -- 北京：中国建筑工业出版社，2024.11. --（城市更新实践系列）. -- ISBN 978-7-112-30407-3

Ⅰ. TU984-62

中国国家版本馆CIP数据核字第20249FA586号

责任编辑：毕凤鸣
文字编辑：王艺彬
责任校对：赵　力

城市更新实践系列
城市更新手册
——政策、案例与百问百答

蒋向国　张　婷　主　编
陈丽翠　李新忠
张婉君　杨文倩　副主编

*

中国建筑工业出版社出版、发行（北京海淀三里河路9号）
各地新华书店、建筑书店经销
华之逸品书装设计制版
建工社（河北）印刷有限公司印刷

*

开本：787毫米×960毫米　1/16　印张：19　字数：260千字
2024年12月第一版　　2024年12月第一次印刷
定价：62.00元
ISBN 978-7-112-30407-3
（43608）

版权所有　翻印必究
如有内容及印装质量问题，请与本社读者服务中心联系
电话：（010）58337283　　QQ：2885381756
（地址：北京海淀三里河路9号中国建筑工业出版社604室　邮政编码：100037）

编委会

主　　编：蒋向国　张　婷
副 主 编：陈丽翠　李新忠　张婉君　杨文倩
编委成员：朱加兵　杨　冀　张孟伟　梅　璐
　　　　　尹湘婕　姜　南　张伯远　王璐南
　　　　　代晓松　庄　颖　卫　伟　郭浩然
　　　　　杨万壮　李　渊　邓尔东　王　珂

序言

  2022年，我国城镇化率突破65%，城镇化步入"下半场"以质取胜的新阶段，城市更新作为中国式现代化的重要载体，是完善城市功能、提升城市品质、深化高质量发展的大势所趋。近年来，我国城市更新势头迅猛、百花齐放，各地因地制宜地实践探索城市更新路径；同时，中央及各地政府陆续推出涵盖不同角度的城市更新政策，以辅助城市更新项目的顺利推进。

  为使从业者能够及时了解城市更新领域新政策及相关规范，有效推动城市更新项目的实施，本手册应需而生。手册将详尽地从政策、实践案例与百问百答三个维度详细介绍我国城市更新的相关规则规范和支持措施。政策篇的内容涵盖国家部委和北京市在城市更新领域的主要政策及具体细则；案例篇展示了片区更新、住区更新、工业区更新及商办更新四种类型的典型案例；百问百答篇涉及土地、规划和征地拆迁三大类常见问题与解答。通过深入解读城市更新相关政策和细则，分析具有示范性的典型案例，帮助读者全面理解并有效实施城市更新项目。

目录

政策篇

(一)国家部委层面 ………………………………………… 002

1. 《住房和城乡建设部关于在实施城市更新行动中防止大拆大建问题的通知》………………………………… 003
2. 《住房城乡建设部关于扎实有序推进城市更新工作的通知》… 010
3. 《住房城乡建设部办公厅关于印发实施城市更新行动可复制经验做法清单(第三批)的通知》……………… 014
4. 《自然资源部关于开展低效用地再开发试点工作的通知》… 023
5. 自然资源部办公厅关于印发《支持城市更新的规划与土地政策指引(2023版)》的通知 ……………………… 033
6. 《住房城乡建设部关于全面开展城市体检工作的指导意见》… 040
7. 住房城乡建设部等部门印发《关于扎实推进2023年城镇老旧小区改造工作的通知》…………………………… 046
8. 《城市社区嵌入式服务设施建设工程实施方案》……… 052

(二)北京市层面——主要政策 …………………………… 059

1. 《北京市人民政府关于实施城市更新行动的指导意见》… 060
2. 《北京市城市更新行动计划(2021—2025年)》……… 071
3. 《北京市城市更新条例》……………………………… 073
4. 《北京市城市更新实施单元统筹主体确定管理办法(试行)》… 095

5.《北京市城市更新专家委员会管理办法（试行）》·············· 099

（三）北京市层面——细则 ·············· 102

1.《关于首都功能核心区平房（院落）保护性修缮和恢复性
  修建工作的意见》·············· 103
2.《关于老旧小区更新改造工作的意见》·············· 109
3.《关于引入社会资本参与老旧小区改造的意见》·············· 117
4.《北京市老旧小区改造工作改革方案》·············· 121
5.《关于开展老旧楼宇更新改造工作的意见》·············· 123
6.《关于印发加强腾退空间和低效楼宇改造利用促进高精尖产业
  发展工作方案（试行）的通知》·············· 131
7.《关于开展老旧厂房更新改造工作的意见》·············· 138
8.《关于促进本市老旧厂房更新利用的若干措施》·············· 150
9.《关于存量国有建设用地盘活利用的指导意见（试行）》·············· 155

案例篇

（一）片区更新类 ·············· 164

1. 深圳大冲旧村改造华润城项目 ·············· 165
2. 成都猛追湾城市更新项目 ·············· 169
3. 广州环市东商圈更新改造项目 ·············· 170
4. The Box 商圈片区更新改造项目 ·············· 172
5. 广州猎德村项目 ·············· 174
6. 深圳新桥东片区更新项目 ·············· 176
7. 广州聚龙湾片区更新项目 ·············· 177
8. 景德镇老城片区更新项目 ·············· 178
9. 北京副中心老城片区更新项目 ·············· 179
10. 东京六本木中央商务区更新项目 ·············· 180

11. 重庆大成广场片区城市更新项目	181
12. 青岛济南路片区历史文化街区城市更新项目	183
13. 济南古城（明府城片区）城市更新项目	185
14. 上海虹口区17街坊旧区改造城市更新项目	186
15. 广州海珠区琶洲村"城中村"全面改造项目	187
16. 广州黄埔区沙步旧村改造项目	189

（二）住区更新类 ······ 190

1. 北京大兴清源街道兴丰街道项目 ····· 191
2. 深圳元芬新村整村统租运营项目 ····· 194
3. 北京真武庙老旧小区改造项目 ····· 195
4. 北京丰台南苑棚户区改造项目 ····· 197
5. 北京丰台东铁营棚户区改造项目 ····· 198
6. 深圳蔡屋围城中村城市更新项目 ····· 199
7. 深圳华富村棚户区改造项目 ····· 200
8. 北京劲松社区更新改造项目 ····· 201
9. 重庆九龙坡区城市有机更新老旧小区改造项目 ····· 203
10. 北京首开老山街道东里北社区更新改造项目 ····· 206
11. 日本大阪NICE株式会社项目 ····· 207
12. 红土深圳安居REITs保障房项目 ····· 209
13. 瑞典马尔默Bo01社区项目 ····· 211

（三）工业区更新类 ······ 212

1. 北京首钢遗址更新改造项目 ····· 213
2. 美国卡丽6号7号高炉遗址项目 ····· 215
3. 东莞松湖智谷项目 ····· 216
4. 上海红坊创意园区项目 ····· 218
5. 上海滨江西岸地区城市更新项目 ····· 220

6. 北京通州区张家湾设计小镇城市更新项目 ………………………… 222
7. 上海万科上生·新所项目 ……………………………………………… 223
8. 深圳宝安西成工业区项目 ……………………………………………… 224
9. 苏黎世西部工业区项目 ………………………………………………… 225
10. 伦敦金丝雀码头项目 …………………………………………………… 227
11. 北京798艺术区改造项目 ……………………………………………… 228

（四）商办更新类 …………………………………………………………… 230
1. 东京大手町地区都市再生项目 ………………………………………… 230
2. 上海高和云峰办公楼改造项目 ………………………………………… 233
3. 北京太阳宫百盛中融信托广场项目 …………………………………… 235
4. 浙江宁波芝士公园项目 ………………………………………………… 236
5. 北京新街高和办公楼改造项目 ………………………………………… 237
6. 北京大兴大悦春风里项目 ……………………………………………… 238
7. 上海国和1000商业更新项目 ………………………………………… 239
8. 北京西单更新场项目 …………………………………………………… 240

城市更新百问百答

（一）土地类 ………………………………………………………………… 244
1. 根据土地用途，土地分为哪几类？ …………………………………… 244
2. 根据土地利用现状，土地分为哪几类？ ……………………………… 245
3. 根据土地权属，土地分为哪几类？ …………………………………… 245
4. 什么是代征用地？ ……………………………………………………… 245
5. 什么是边角地、夹心地、插花地？ …………………………………… 246
6. 土地使用权的取得方式有哪些？ ……………………………………… 246
7. 哪些土地使用权必须通过招拍挂方式获取？ ………………………… 247
8. 什么情况下可以使用协议出让方式？ ………………………………… 247

9. 哪些建设用地的土地使用权可以由划拨取得？ 248
10. 出让建设用地使用权的最高年限是多少？ 248
11. 土地使用者可以改变土地用途吗？ 249
12. 农用地转建设用地的审批手续有哪些？ 249
13. 出让取得土地使用权的，转让房地产时需要满足什么条件？ 250
14. 划拨取得土地使用权的，转让房地产时需要满足什么条件？ 250

（二）规划类 251
15. 什么是控制性详细规划，应包括哪些内容？ 251
16. 什么是修建性详细规划，谁可以编制？ 252
17. 什么是"两证一书"？ 252
18. 什么是城市规划"红线""绿线""蓝线""黄线""紫线"？ 253

（三）征地拆迁类 253
19. 哪些情形下可以依法征收集体土地？ 254
20. 征收土地应该给予哪些补偿？ 254
21. 什么是被征收人？ 255
22. 宅基地面积如何认定？ 255
23. 对于被征收人不服从决定有何措施？ 256
24. 房屋补偿安置方案如何制定？ 256
25. 符合哪些情况，市、县级人民政府可以作出房屋征收决定？ 257
26. 国有土地被征收人应该被给予哪些补偿？ 257
27. 房屋拆迁补偿与安置可以以什么方式进行？ 258
28. 对被征收房屋实施补偿，如何评估其价格？ 258
29. 房屋补偿协议一般包括哪些内容？ 258

30. 若房屋征收部门与被征收人达不成补偿协议的，应怎样处理？ 259
31. 如何推进搬迁？ 259

（四）城市更新类 260

32. 什么是城市更新？遵循哪些基本原则？ 260
33. 城市更新的范围是什么？ 260
34. 城市更新的主要方式有哪些？ 261
35. 城市更新的拆除规模是多少？ 261
36. 城市更新的增建规模是多少？ 261
37. 城市更新的搬迁要求是多少？ 262
38. 城市更新中保证住房租赁市场供需平稳的措施有哪些？ 262
39. 如何进行城市更新规划？ 262
40. 城市更新专项规划是什么？ 263
41. 城市更新项目实施的规划依据是什么？ 263
42. 编制更新类控制性详细规划有什么要求？ 263
43. 城市更新项目中的规划有哪些要求？ 264
44. 城市更新项目中的零星土地如何纳入统筹实施？ 264
45. 对城市更新项目，在规划上的支持政策有哪些？ 264
46. 城市更新项目库如何建立？ 265
47. 城市更新的组织领导和工作协调机制是什么？ 265
48. 城市更新实施方案由谁编制？包括什么内容？ 266
49. 城市更新实施方案的报审流程是什么？ 266
50. 城市更新实施方案的审核重点是什么？ 266
51. 城市更新项目前期推进流程是什么？ 267
52. 城市更新如何划定实施单元？ 267
53. 物业权利人在城市更新活动中，享有哪些权利？ 268
54. 城市更新的实施主体是如何确定的？ 268

55. 城市更新的实施主体负责哪些工作？ ………………………… 269
56. 城市更新过程中，涉及公有住房腾退的，产权单位如何
    实施？ ……………………………………………………………… 269
57. 直管公房承租人拒不配合腾退房屋的，如何处理？ ………… 269
58. 城市更新过程中，涉及私有住房腾退的，如何进行补偿？ … 270
59. 私有住房拒不配合腾退房屋的，如何处理？ ………………… 270
60. 首都功能核心区平房院落的更新模式是什么？ ……………… 270
61. 危旧楼房和简易楼改建的更新模式是什么？ ………………… 271
62. 老旧小区的更新模式是什么？ ………………………………… 271
63. 老旧厂房的更新模式是什么？ ………………………………… 271
64. 低效产业园区的更新模式是什么？ …………………………… 272
65. 老旧低效楼宇的更新模式是什么？ …………………………… 272
66. 市政基础设施的更新模式是什么？ …………………………… 273
67. 公共空间的更新模式是什么？ ………………………………… 273
68. 老旧小区更新改造过程中，哪些事项需要征求居民意见？ … 273
69. 什么是老旧小区更新中的"六治七补三规范"？ ……………… 274
70. 什么是"劲松模式"？ …………………………………………… 274
71. 老旧小区的基础类改造内容主要包括什么？ ………………… 275
72. 老旧小区的完善类改造内容主要包括什么？ ………………… 275
73. 老旧小区的提升类改造内容主要包括什么？ ………………… 275
74. 什么是物业服务中的"先尝后买"？ …………………………… 276
75. 老旧厂房更新的实施方式是什么？ …………………………… 276
76. 对老旧厂房的更新有哪些投资支持政策？ …………………… 277
77. 对保护利用老旧厂房拓展文化空间的，有哪些支持政策？ … 278
78. 对改造利用腾退空间和低效楼宇促进高精尖产业发展的，
    有哪些支持政策？ ……………………………………………… 278
79. 利用简易楼腾退建设绿地或公益性设施的项目，应当符合
    哪些基本要求？ ………………………………………………… 279

80. 对利用简易楼腾退建设绿地或公益性设施的项目，有哪些
    支持政策？如何申报？ ………………………………………… 280
81. 存量国有建设用地的利用方式有哪些？ …………………… 280
82. 什么情况下可以进行异地置换？ …………………………… 281
83. 存量国有建设用地的过渡期政策是什么？ ………………… 281
84. 建筑用途转换、土地用途兼容是什么？ …………………… 282
85. 产业用地混合利用的规定有哪些？ ………………………… 282
86. 用地性质需要调整的，土地出让价款如何缴纳？ ………… 282
87. 哪些情况下，土地出让价款不用补缴？ …………………… 282
88. 城市更新项目如何办理用地手续？ ………………………… 283
89. 城市更新活动中，国有建设用地采用什么方式配置？ …… 283
90. 如何采用租赁方式配置国有建设用地？ …………………… 283
91. 经营性服务设施是否可让渡经营权？ ……………………… 284
92. 经营性服务设施建设用地使用权是否可以转让或者出租？ … 284
93. 经营性服务设施建设用地使用权是否可以用于融资？ …… 284
94. 老旧小区现状公共服务设施配套用房可用于哪些用途？ … 285
95. 对城市更新项目发展新产业、新业态的，怎样办理用地
    手续？ …………………………………………………………… 285
96. 城市更新项目资金支持来源有哪些？ ……………………… 285
97. 城市更新项目所需经费涉及政府投资的由谁承担？ ……… 286
98. 城市更新项目的不动产登记如何办理？ …………………… 286
99. 纳入城市更新计划的项目，享有哪些行政类优惠政策？ … 287
100. 对于部分领域设备购置与更新改造，贷款贴息方面有哪些
    支持？ ………………………………………………………… 287

政策篇

Urban Renewal

自 2021 年以来，城市更新已连续三年写入政府工作报告，从中央到各地城市更新政策密集发布，不断为城市更新的开展构建良好的政策环境。本手册汇编了近年来城市更新领域内国家部委和北京市的政策及其实施细则，政策的内容涵盖城市更新的多个方面，包括但不限于土地利用、历史建筑保护、老旧小区整治、老旧厂房、社会资本参与等，旨在帮助从业者提供一个全面、系统的政策查找与解读工具手册，从而更好地理解和应用城市更新相关政策。

（一）国家部委层面

2019 年 12 月，中央经济工作会议首次强调了"城市更新"这一概念；2020 年《中共中央关于制定国民经济和社会发展第十四个五年规划和二〇三五年远景目标的建议》明确提出实施城市更新行动，城市更新首次出现在国民经济和社会发展五年规划中，奠定了"十四五"时期的重要地位；11 月，时任住房和城乡建设部部长王蒙徽发表题为《实施城市更新行动》的文章，进一步明确了城市更新的目标、意义、任务等；2021 年"城市更新"首次写入政府工作报告；2022 年，党的二十大报告指出："加快转变超大特大城市发展方式，实施城市更新行动"，城市更新上升为国家战略。为贯彻落实党中央、国务院关于实施城市更新行动的决策部署，各部委自 2021 年起出台了多项关于城市更新的政策条文，涵盖老旧小区更新配套、城乡融合发展、土地政策等多方面。

其中，《关于在实施城市更新行动中防止大拆大建问题的通知》划定底线，防止城市更新变形走样；《关于扎实有序推进城市更新工作的通知》（以下简称《通知》）提出要坚持城市体检先行、发挥城更新规划统筹作用、强化精细化城市设计引导、创新城市更新可持续实施模式、明确城市更新底线要求;《实施城市更新行动可复制经验做法清单(第三批)》通过总结不同城市在践行《通知》的优秀经验做法,供各地政府参考;《关于开展低效用地再开发试点工作的通知》针对城市低效用地问题,在北京市等43个城市开展低效用地再开发试点,探索创新政策举措,完善激励约束机制;《支持城市更新的规划与土地政策指引(2023版)》引领土地政策探索创新,推动城市更新工作规范展开;《住房城乡建设部关于全面开展城市体检工作的指导意见》提出地级及以上城市全面开展城市体检工作,扎实有序地推进实施城市更新行动,并明确了城市体检工作的重点任务与保障措施;《关于扎实推进2023年城镇老旧小区改造工作的通知》提出如何有效实施城镇老旧小区的改造计划;《关于加强城镇老旧小区改造配套设施建设的通知》指明老旧小区规范改造的具体措施;《城市社区嵌入式服务设施建设工程实施方案》明确嵌入式服务设施建设的准则与要求。

1.《住房和城乡建设部关于在实施城市更新行动中防止大拆大建问题的通知》

(1)政策原文:

住房和城乡建设部关于在实施城市更新行动中防止大拆大建问题的通知

建科〔2021〕63号

各省、自治区住房和城乡建设厅,北京市住房和城乡建设委、规划和自然资源委、城市管理委、水务局、交通委、园林绿化局、城市管理综合行政执法局,天津市住房和城乡建设委、规划和自然资源局、城市管理委、水务局,上海市住房和城乡建设管理委、规划和自然资源局、绿化和市容管理局、水务局,重庆市住房和城乡建设委、规划和自然资源局、城市管理局，新疆生产建设兵团住房和城乡建设局，海南省自然资源和规划厅、水务厅：

实施城市更新行动是党的十九届五中全会作出的重要决策部署，是国家"十四五"规划《纲要》明确的重大工程项目。实施城市更新行动要顺应城市发展规律，尊重人民群众意愿，以内涵集约、绿色低碳发展为路径，转变城市开发建设方式，坚持"留改拆"并举、以保留利用提升为主，加强修缮改造，补齐城市短板，注重提升功能，增强城市活力。近期，各地积极推动实施城市更新行动，但有些地方出现继续沿用过度房地产化的开发建设方式、大拆大建、急功近利的倾向，随意拆除老建筑、搬迁居民、砍伐老树，变相抬高房价，增加生活成本，产生了新的城市问题。为积极、稳妥实施城市更新行动，防止大拆大建问题，现将有关要求通知如下：

一、坚持划定底线，防止城市更新变形走样

（一）严格控制大规模拆除。除违法建筑和经专业机构鉴定为危房且无修缮保留价值的建筑外，不大规模、成片集中拆除现状建筑，原则上城市更新单元（片区）或项目内拆除建筑面积不应大于现状总建筑面积的20%。提倡分类审慎处置既有建筑，推行小规模、渐进式有机更新和微改造。倡导利用存量资源，鼓励对既有建筑保留修缮加固，改善设施设备，提高安全性、适用性和节能水平。对拟拆除的建筑，应按照相关规定，加强评估论证，公开征求意见，严格履行报批程序。

（二）严格控制大规模增建。除增建必要的公共服务设施外，不大规模新增老城区建设规模，不突破原有密度强度，不增加资源环境承载压力，原则上城市更新单元（片区）或项目内拆建比不应大于2。在确保安全的前提下，允许适当增加建筑面积用于住房成套化改造、建设保障性租赁住房、完善公共服务设施和基础设施等。鼓励探索区域建设规模统筹，加强过密地区功能疏解，积极拓展公共空间、公园绿地，提高城市宜居度。

（三）**严格控制大规模搬迁**。不大规模、强制性搬迁居民，不改变社会结构，不割断人、地和文化的关系。要尊重居民安置意愿，鼓励以就地、就近安置为主，改善居住条件，保持邻里关系和社会结构，城市更新单元（片区）或项目居民就地、就近安置率不宜低于50%。践行美好环境与幸福生活共同缔造理念，同步推动城市更新与社区治理，鼓励房屋所有者、使用人参与城市更新，共建、共治、共享美好家园。

（四）**确保住房租赁市场供需平稳**。不短时间、大规模拆迁城中村等城市连片旧区，防止出现住房租赁市场供需失衡加剧新市民、低收入困难群众租房困难。注重稳步实施城中村改造，完善公共服务和基础设施，改善公共环境，消除安全隐患，同步做好保障性租赁住房建设，统筹解决新市民、低收入困难群众等重点群体租赁住房问题，城市住房租金年度涨幅不超过5%。

二、坚持应留尽留，全力保留城市记忆

（一）**保留利用既有建筑**。不随意迁移、拆除历史建筑和具有保护价值的老建筑，不脱管失修、修而不用、长期闲置。对拟实施城市更新的区域，要及时开展调查评估，梳理评测既有建筑状况，明确应保留保护的建筑清单，未开展调查评估、未完成历史文化街区划定和历史建筑确定工作的区域，不应实施城市更新。鼓励在不变更土地使用性质和权属、不降低消防等安全水平的条件下，加强厂房、商场、办公楼等既有建筑改造、修缮和利用。

（二）**保持老城格局尺度**。不破坏老城区传统格局和街巷肌理，不随意拉直拓宽道路，不修大马路、建大广场。鼓励采用"绣花"功夫，对旧厂区、旧商业区、旧居住区等进行修补、织补式更新，严格控制建筑高度，最大限度保留老城区具有特色的格局和肌理。

（三）**延续城市特色风貌**。不破坏地形地貌，不伐移老树和有乡土特点的现有树木，不挖山填湖，不随意改变或侵占河湖水系，不随意改建具有历史价值的公园，不随意改老地名，杜绝"贪大、媚洋、

求怪"乱象，严禁建筑抄袭、模仿、山寨行为。坚持低影响的更新建设模式，保持老城区自然山水环境，保护古树、古桥、古井等历史遗存。鼓励采用当地建筑材料和形式，建设体现地域特征、民族特色和时代风貌的城市建筑。加强城市生态修复，留白增绿，保留城市特有的地域环境、文化特色、建筑风格等"基因"。

三、坚持量力而行，稳妥推进改造提升

（一）**加强统筹谋划**。不脱离地方实际，不头痛医头、脚痛医脚，杜绝运动式、盲目实施城市更新。加强工作统筹，坚持城市体检评估先行，因地制宜、分类施策，合理确定城市更新重点、划定城市更新单元。与相关规划充分衔接，科学编制城市更新规划和计划，建立项目库，明确实施时序，量力而行、久久为功。探索适用于城市更新的规划、土地、财政、金融等政策，完善审批流程和标准规范，拓宽融资渠道，有效防范地方政府债务风险，坚决遏制新增隐性债务。严格执行棚户区改造政策，不得以棚户区改造名义开展城市更新。

（二）**探索可持续更新模式**。不沿用过度房地产化的开发建设方式，不片面追求规模扩张带来的短期效益和经济利益。鼓励推动由"开发方式"向"经营模式"转变，探索政府引导、市场运作、公众参与的城市更新可持续模式，政府注重协调各类存量资源，加大财政支持力度，吸引社会专业企业参与运营，以长期运营收入平衡改造投入，鼓励现有资源所有者、居民出资参与微改造。支持项目策划、规划设计、建设运营一体化推进，鼓励功能混合和用途兼容，推行混合用地类型，采用疏解、腾挪、置换、租赁等方式，发展新业态、新场景和新功能。

（三）**加快补足功能短板**。不做穿衣戴帽、涂脂抹粉的表面功夫，不搞脱离实际、劳民伤财的政绩工程、形象工程和面子工程。以补短板、惠民生为更新重点，聚焦居民急、难、愁、盼的问题诉求，鼓励腾退出的空间资源优先用于建设公共服务设施、市政基础设施、防灾安全设施、防洪排涝设施、公共绿地、公共活动场地等，

完善城市功能。鼓励建设完整居住社区，完善社区配套设施，拓展共享办公、公共教室、公共食堂等社区服务，营造无障碍环境，建设全龄友好型社区。

（四）提高城市安全韧性。不"重地上轻地下"，不过度景观化、亮化，不增加城市安全风险。开展城市市政基础设施摸底调查，排查整治安全隐患，推动地面设施和地下市政基础设施更新改造统一谋划、协同建设。在城市绿化和环境营造中，鼓励近自然、本地化、易维护、可持续的生态建设方式，优化竖向空间，加强蓝绿灰一体化海绵城市建设。

各地要不断加强实践总结，坚持底线思维，结合实际深化细化城市更新制度机制政策，积极探索推进城市更新，切实防止大拆大建问题。加强对各市（县）工作的指导，督促对正在建设和已批待建的城市更新项目进行再评估，对涉及推倒重来、大拆大建的项目要彻底整改；督促试点城市进一步完善城市更新工作方案。我部将定期对各地城市更新工作情况和试点情况进行调研指导，及时研究协调解决难点问题，不断完善相关政策，积极、稳妥、有序推进实施城市更新行动。

住房和城乡建设部
2021 年 8 月 30 日

（2）政策解读：[1]**（官方）**

一、出台背景

近年来，各地积极推动实施城市更新行动，但部分地区出现采用过度房地产化的开发建设方式、大拆大建、急功近利的倾向，随意拆除老建筑、搬迁居民、砍伐老树，变相抬高房价，增加生活成本，产生了新的城市问题。为积极、稳妥实施城市更新行动，防止大拆大建问题，2021 年 8 月，住房和城乡建设部发布《关于在实施城市更新行动中防止大拆大建问题的通知》（建科〔2021〕63 号）。

二、主要内容

主要内容包括坚持划定底线、坚持保留城市记忆、坚持量力而行推进改造提升三个方面。

（一）坚持划定底线，防止城市更新变形走样

一是严格控制大规模拆除。除违法建筑和经专业机构鉴定为危房且无修缮保留价值的建筑外，不大规模、成片集中拆除现状建筑，原则上城市更新单元（片区）或项目内拆除建筑面积不应大于现状总建筑面积的 20%。提倡小规模、渐进式有机更新和微改造。

二是严格控制大规模增建。除增建必要的公共服务设施外，不大规模新增老城区建设规模，不突破原有密度强度，不增加资源环境承载压力，原则上城市更新单元（片区）或项目内拆建比不应大于 2。

三是严格控制大规模搬迁。不大规模、强制性搬迁居民，不改变社会结构，不割断人、地和文化的关系。要尊重居民安置意愿，鼓励以就地、就近安置为主，改善居住条件，保持邻里关系和社会结构，城市更新单元（片区）或项目居民就地、就近安置率不宜低于 50%。

四是确保住房租赁市场供需平稳。不短时间、大规模拆迁城中村等城市连片旧区，防止出现住房租赁市场供需失衡加剧新市民、低收入困难群众租房困难。城市住房租金年度涨幅不超过 5%。

（二）坚持应留尽留，全力保留城市记忆

一是保留利用既有建筑。不随意迁移、拆除历史建筑和具有保护价值的老建筑，不脱管失修、修而不用、长期闲置。对拟实施城市更新的区域，要及时开展调查评估，梳理评测既有建筑状况，明确应保留保护的建筑清单，未开展调查评估、未完成历史文化街区划定和历史建筑确定工作的区域，不应实施城市更新。鼓励在不变更土地使用性质和权属、不降低消防等安全水平的条件下，加强厂房、商场、办公楼等既有建筑改造、修缮和利用。

二是保持老城格局尺度。不破坏老城区传统格局和街巷肌理，不随意拉直拓宽道路，不修大马路、建大广场。鼓励采用"绣花"功

夫，对旧厂区、旧商业区、旧居住区等进行修补、织补式更新，严格控制建筑高度，最大限度保留老城区具有特色的格局和肌理。

三是续城市特色风貌。坚持低影响的更新建设模式，保持老城区自然山水环境，保护古树、古桥、古井等历史遗存。鼓励采用当地建筑材料和形式，建设体现地域特征、民族特色和时代风貌的城市建筑。加强城市生态修复，留白增绿保留城市特有的地域环境、文化特色、建筑风格等"基因"。

（三）坚持量力而行，稳妥推进改造提升

一是加强统筹谋划。加强工作统筹，坚持城市体检评估先行，因地制宜、分类施策，合理确定城市更新重点、划定城市更新单元。与相关规划充分衔接，科学编制城市更新规划和计划，建立项目库，明确实施时序量力而行、久久为功。探索适用于城市更新的规划、土地、财政、金融等政策，完善审批流程和标准规范，拓宽融资渠道，有效防范地方政府债务风险，坚决遏制新增隐性债务。严格执行棚户区改造政策，不得以棚户区改造名义开展城市更新。

二是探索可持续更新模式。不沿用过度房地产化的开发建设方式，不片面追求规模扩张带来的短期效益和经济效益。鼓励推动由"开发方式"向"经营模式"转变，探索政府引导、市场运作、公众参与的城市更新可持续模式，政府注重协调各类存量资源，加大财政支持力度，吸引社会专业企业参与运营，以长期运营收入平衡改造投入，鼓励现有资源所有者、居民出资参与微改造。支持项目策划、规划设计、建设运营一体化推进，鼓励功能混合和用途兼容，推行混合用地类型，采用疏解、腾挪、置换、租赁等方式发展新业态、新场景、新功能。

三是加快补足功能短板。以补短板、惠民生为更新重点，聚焦居民急难愁盼的问题诉求，鼓励腾退出的空间资源优先用于建设公共服务设施、市政基础设施、防灾安全设施、防洪排涝设施、公共绿地、公共活动场地等，完善城市功能。鼓励建设完整居住社区，完善社区配套设施，拓展共享办公、公共教室、公共食堂等社区服务，营造无障碍环境，建设全龄友好型社区。

四是提高城市安全韧性。不"重地上轻地下"，不过度景观化、亮化，不增加城市安全风险。开展城市市政基础设施摸底调查，排查整治安全隐患，推动地面设施和地下市政基础设施更新改造统一谋划、协同建设。在城市绿化和环境营造中，鼓励近自然、本地化、易维护、可持续的生态建设方式，优化竖向空间，加强蓝绿灰一体化海绵城市建设。

2.《住房城乡建设部关于扎实有序推进城市更新工作的通知》

（1）政策原文：

住房城乡建设部关于扎实有序推进城市更新工作的通知

建科〔2023〕30号

各省、自治区住房城乡建设厅，直辖市住房城乡建设（管）委，新疆生产建设兵团住房城乡建设局：

按照党中央、国务院关于实施城市更新行动的决策部署，我部组织试点城市先行先试，全国各地积极探索推进，城市更新工作取得显著进展。为深入贯彻落实党的二十大精神，复制推广各地已形成的好经验好做法，扎实有序推进实施城市更新行动，提高城市规划、建设、治理水平，推动城市高质量发展，现就有关事项通知如下：

一、坚持城市体检先行。建立城市体检机制，将城市体检作为城市更新的前提。指导城市建立由城市政府主导、住房城乡建设部门牵头组织、各相关部门共同参与的工作机制，统筹抓好城市体检工作。坚持问题导向，划细城市体检单元，从住房到小区、社区、街区、城区，查找群众反映强烈的难点、堵点、痛点问题。坚持目标导向，以产城融合、职住平衡、生态宜居等为目标，查找影响城市竞争力、承载力和可持续发展的短板弱项。坚持结果导向,把城市体检发现的问题短板作为城市更新的重点,一体化推进城市体检和城市更新工作。

二、发挥城市更新规划统筹作用。依据城市体检结果,编制城市更新专项规划和年度实施计划,结合国民经济和社会发展规划,系统谋划城市更新工作目标、重点任务和实施措施,划定城市更新单元,建立项目库,明确项目实施计划安排。坚持尽力而为、量力而行,统筹推动既有建筑更新改造、城镇老旧小区改造、完整社区建设、活力街区打造、城市生态修复、城市功能完善、基础设施更新改造、城市生命线安全工程建设、历史街区和历史建筑保护传承、城市数字化基础设施建设等城市更新工作。

三、强化精细化城市设计引导。将城市设计作为城市更新的重要手段,完善城市设计管理制度,明确对建筑、小区、社区、街区、城市不同尺度的设计要求,提出城市更新地块建设改造的设计条件,组织编制城市更新重点项目设计方案,规范和引导城市更新项目实施。统筹建设工程规划设计与质量安全管理,在确保安全的前提下,探索优化适用于存量更新改造的建设工程审批管理程序和技术措施,构建建设工程设计、施工、验收、运维全生命周期管理制度,提升城市安全韧性和精细化治理水平。

四、创新城市更新可持续实施模式。坚持政府引导、市场运作、公众参与,推动转变城市发展方式。加强存量资源统筹利用,鼓励土地用途兼容、建筑功能混合,探索"主导功能、混合用地、大类为主、负面清单"更为灵活的存量用地利用方式和支持政策,建立房屋全生命周期安全管理长效机制。健全城市更新多元投融资机制,加大财政支持力度,鼓励金融机构在风险可控、商业可持续前提下,提供合理信贷支持,创新市场化投融资模式,完善居民出资分担机制,拓宽城市更新资金渠道。建立政府、企业、产权人、群众等多主体参与机制,鼓励企业依法合规盘活闲置低效存量资产,支持社会力量参与,探索运营前置和全流程一体化推进,将公众参与贯穿于城市更新全过程，实现共建共治共享。鼓励有立法权的地方出台地方性法规，建立城市更新制度机制，完善土地、财政、投融资等政策体系，因地制宜制定或修订地方标准规范。

五、明确城市更新底线要求。坚持"留改拆"并举、以保留利用提升为主，鼓励小规模、渐进式有机更新和微改造，防止大拆大建。加强历史文化保护传承，不随意改老地名，不破坏老城区传统格局和街巷肌理，不随意迁移、拆除历史建筑和具有保护价值的老建筑，同时也要防止脱管失修、修而不用、长期闲置。坚持尊重自然、顺应自然、保护自然，不破坏地形地貌，不伐移老树和有乡土特点的现有树木，不挖山填湖，不随意改变或侵占河湖水系。坚持统筹发展和安全，把安全发展理念贯穿城市更新工作各领域和全过程，加大城镇危旧房屋改造和城市燃气管道等老化更新改造力度，确保城市生命线安全，坚决守住安全底线。

各级住房城乡建设部门要切实履行城市更新工作牵头部门职责，会同有关部门建立健全统筹协调的组织机制，有序推进城市更新工作。省级住房城乡建设部门要加强对市（县）城市更新工作的督促指导，及时总结经验做法，研究破解难点问题。我部将加强工作指导和政策协调，及时总结可复制推广的经验，指导各地扎实推进实施城市更新行动。

住房城乡建设部
2023 年 7 月 5 日

（2）政策解读：（官方）

为深入贯彻落实党中央、国务院关于实施城市更新行动的决策部署，近日，住房城乡建设部印发《关于扎实有序推进城市更新工作的通知》（以下简称《通知》），加强对地方城市更新工作的指导，总结推广城市更新实践中形成的好经验好做法，对进一步做好城市更新工作提出具体要求。

《通知》明确，要坚持城市体检先行，将城市体检作为城市更新的前提，建立由城市政府主导、住房城乡建设部门牵头组织、各相关部门共同参与的工作机制，坚持问题导向，把城市体检发现的问题短板作为城市更新的重点，一体化推进城市体检和城市更新工作。

《通知》强调，要发挥城市更新规划统筹作用，依据城市体检结果，编制城市更新专项规划和年度实施计划，系统谋划城市更新工作目标、重点任务和实施措施，统筹推动城市更新工作。强化精细化城市设计引导，将城市设计作为城市更新的重要手段，完善城市设计管理制度，规范和引导城市更新项目实施。探索优化适用于存量更新改造的建设工程审批管理程序和技术措施，构建建设工程设计、施工、验收、运维的全生命周期管理制度。

《通知》指出，要创新城市更新可持续实施模式，坚持政府引导、市场运作、公众参与，加强存量资源统筹利用，健全城市更新多元投融资机制，建立政府、企业、产权人、群众等多主体参与机制，鼓励有立法权的地方出台地方性法规，完善土地、财政、投融资等政策体系。坚持"留改拆"并举、以保留利用提升为主，防止大拆大建，加强历史文化保护传承，坚持尊重自然、顺应自然、保护自然，把安全发展理念贯穿城市更新工作的各领域和全过程。

《通知》要求，各级住房城乡建设部门要切实履行城市更新工作牵头部门职责，会同有关部门建立健全统筹协调的组织机制。省级住房城乡建设部门要加强对市（县）的督促指导，及时总结经验做法，研究破解难点问题，扎实、有序推进城市更新工作。

3.《住房城乡建设部办公厅关于印发实施城市更新行动可复制经验做法清单（第三批）的通知》

（1）政策原文：

住房城乡建设部办公厅关于印发实施城市更新行动可复制经验做法清单（第三批）的通知

建办科函〔2024〕342号

各省、自治区住房城乡建设厅，直辖市住房城乡建设（管）委，新疆生产建设兵团住房城乡建设局：

为贯彻落实党中央、国务院关于实施城市更新行动的决策部署，我部总结各地在建立城市更新工作组织机制、完善城市更新法规和标准、完善城市更新推进机制、优化存量资源盘活利用政策、构建城市更新多元投融资机制、探索城市更新多方参与机制等方面经验做法，形成《实施城市更新行动可复制经验做法清单（第三批）》，现印发给你们，请结合实际学习借鉴。

住房城乡建设部办公厅

2024年9月30日

实施城市更新行动可复制经验做法清单（第三批）

序号	政策机制	主要举措	具体做法
一	建立城市更新工作组织机制	（一）成立城市更新管理部门	1.湖北省各市（州）均成立城市更新专门管理部门。武汉市率先成立住房和城市更新局，作为市政府工作部门，负责组织研究城市更新重大问题，拟定全市城市更新重大政策、统筹协调城市体检、编制城市更新专项规划和年度安排，牵头建立城市更新工作机制、配合财政部门安排使用和管理专项资金等工作，其他16市（州）参照武汉市机构、职能等组建住房和城市更新局，于2024年7月全部完成挂牌。

续表

序号	政策机制	主要举措	具体做法
一	建立城市更新工作组织机制	（一）成立城市更新管理部门	2.石家庄市成立城市更新事业单位。石家庄市城市更新促进中心是市政府直属事业单位，负责拟订城市更新规划、计划和建议并组织实施，推动政府投资代建项目建设，以及承担国家政策性资金项目的审核报批等事务性工作和城市更新项目招商引资协调、服务等工作
		（二）加强城市更新工作考核	安徽省、江苏省加强城市更新绩效考核和资金激励。安徽省将城市更新工作推进情况纳入省政府对各城市政府的目标管理和绩效考核，考核内容包括城市更新体制机制建立、方案制定、项目建设、经验推广等方面，对考核优秀的城市予以通报表扬和资金激励，对考核末位的城市予以约谈。江苏省对各城市实施城市更新行动成效进行综合评价和激励，对成效明显的城市在申报中央预算内投资计划、安排省级财政专项资金等方面予以倾斜，优先支持发行地方政府专项债券用于老旧小区改造
		（三）开展省级城市更新试点工作	浙江省、山东省开展省级城市更新试点。浙江省选取34个市（区、县）、52个片区、72个项目开展试点，试点城市重点探索开展城市体检评估、城市更新规划设计管理制度建设，试点片区重点探索开展片区城市设计，明确片区目标定位、更新方式、土地利用、开发建设指标、配套设施建设等要求，试点项目重点探索编制项目实施方案，明确更新方式、实施主体、设计方案、资金统筹和运营等要求。山东省选取34个片区开展试点，涵盖老旧街区、老旧商圈、交通枢纽、城乡结合部等多种更新片区类型，将资源价值、主体意愿、规划指标、资金测算、底线要求等纳入片区进行统筹谋划，实现片区空间品质提升、居住条件改善、产业形态再造、项目长期运营等多元目标
二	完善城市更新法规和标准	（一）出台城市更新地方性法规	台州市、郑州市、石家庄市、玉溪市出台城市更新条例。《台州市城市更新条例》明确城市更新的工作目标、原则和要求，建立政府、市场主体、公众、专家等多方参与机制，构建城市更新专项规划、片区策划方案和项目实施方案的实施体系，提出灵活方式供地、土地用途转换、工程审批、多元化筹资等政策保障。《郑州市城市更新条例》提出提升居住品质、盘活低效资源、塑造城市风貌、完善城市功能、改善生态环境品质、提升城市韧性等重点任务，明确城市更新的工作协调机制、规划和计划编制、实施程序、政策保障、监督管理等要求。

续表

序号	政策机制	主要举措	具体做法
二	完善城市更新法规和标准	（一）出台城市更新地方性法规	《石家庄市城市更新条例》提出历史文化保护、市政设施改造、老旧小区改造、城中村改造、老旧厂区改造、老旧街区改造、产业园区更新、公共空间改造等重点任务，明确审批绿色通道、资金支持、规划土地政策等支持措施。《玉溪市城市更新条例》提出居住、产业、设施、公共空间、区域综合、其他6项城市更新任务，明确城市更新专项规划、年度计划和项目实施方案等编制程序、实施路径以及规划、土地、财税、金融等支持政策
		（二）制定城市更新相关标准和导则	1. 河北省明确城市更新全过程技术要求。《河北省城市更新工作指南（试行）》提出本地区地级和县级城市的城市更新主要任务，明确省市县三级工作组织机制的主要架构和工作职责以及城市更新规划、单元策划、年度实施计划和项目库的编制内容、审批程序、实施机制等要求，细化项目建设方案编制、审查决策、组织实施、竣工交付、运营管理等技术要点。 2. 苏州市积极引导城市微更新工作。《苏州市城市微更新建设引导（试行）》围绕宜居住区、口袋公园、活力街巷、魅力街角、特征空间、艺术空间6类空间，分类提出微更新目标、内容和技术指引，明确"政府引导、多方参与"，"基层主导、社区共治"，"政府引导、企业参与"，"社会组织主导、多方共建"4种微更新模式以及营商引导、公众参与、维护管理等配套政策，推动城市微更新工作。 3. 南京市明确既有建筑加固改造工程设计和技术审查要求。《南京市既有建筑加固改造结构设计导则（试行）》提出既有建筑修缮、改造和加固应遵循先检测、鉴定，后设计施工与验收的原则，细化既有建筑检测与鉴定、加固改造设计、消能减震和抗震加固设计、改造设计施工等技术指引。《南京市既有建筑加固改造工程施工图设计文件技术论证和审查指南（结构专业）(试行)》提出既有建筑加固改造工程审查的原则和审查要求，明确结构专业报审所需的技术性文件内容以及施工图设计、结构计算书和检测鉴定报告等技术深度要求

续表

序号	政策机制	主要举措	具体做法
三	完善城市更新推进机制	(一)一体化推进城市体检与城市更新	1. **天津市依据城市体检结果确定老旧房屋改造任务**。在城市体检中增设"疑似城市C、D级危险住房的住宅数量、存在安全隐患自建房数量、需要更新改造的住宅老旧电梯数量"等特色指标，全面查找房屋安全耐久、功能完备、节能改造等方面问题，依据城市体检结果，在城市更新行动计划中提出老旧房屋改造工程，形成城市更新任务并分解落实到各区和各部门。 2. **宁波市结合城市体检划定城市更新先行片区**。结合城市体检，从土地权属、历史地籍、人口分布、经济产出、建设年代、建设强度等多个维度，全面梳理分析需更新的社区、城中村、产业园区、历史文化资源、滨水空间等6类存量空间，形成存量资源一张图，将城市体检中的问题清单、整治清单落实到城市更新专项规划，划定55个城市更新先行片区作为近期工作重点，引导分区分类进行更新改造。 3. **唐山市探索片区体检推进更新工作机制**。搭建城市空间、人口、经济、业态等城市体检基础数据库，建立涵盖功能业态、建筑更新、基础设施、道路交通、环境景观、文化特色等6方面81项片区体检指标体系，开展老旧商业街区、老旧厂区、老旧街区等片区体检，统筹分析片区体检结果、居民诉求、存量资源、产业发展等情况，确定片区更新的目标和重点，编制片区更新实施方案，充分利用产业策划和城市设计手段，谋划提出城市更新项目
		(二)建立城市更新专项规划编制和实施体系	1. **郑州市、潍坊市编制城市更新规划，统筹存量资源更新改造**。《郑州市城市更新专项规划（2023—2035年）》对全市存量空间进行全局性、系统性安排，确定城市更新目标、策略、空间布局和分区分类指引，明确低效产业盘活、传统商圈改造、历史文化保护、城市防灾减灾、人居环境建设、公共空间提升6方面更新策略，划定城市更新3大战略区域和10大重点区域，提出城市更新6大行动和24项工程。《潍坊市城市更新行动规划》紧密衔接城市体检，识别城市更新潜力空间，划定63个城市更新单元，分类提出安全韧性提升、精致街道治理、绿道网络建设、活力水岸重塑、美好社区缔造、潍州名片擦亮6大专项行动，形成38项重点任务和项目。

续表

序号	政策机制	主要举措	具体做法
三	完善城市更新推进机制	（二）建立城市更新专项规划编制和实施体系	2. 成都市编制更新单元实施规划，加强资源统筹和产业策划。《成都市城市更新建设规划》划定78个重点更新单元和119个一般更新单元，由各区政府组织编制更新单元实施规划，注重结合"收、租、购"等策略整合空间资源，加强业态运营策划，有序引导项目实施。如八里庄工业遗址更新单元规划梳理存量资源权属和使用情况，开展产业策划，编制建设运营方案，匡算拆迁面积与成本，明确各项目的投融资和运营模式，提出用地功能、道路、公共服务配套等控制性详细规划调整建议。 3. 北京市明确城市更新实施方案编制技术要求。《北京市城市更新实施方案编制工作指南（试行）》明确城市更新实施方案是推动存量空间资源高效利用和城市功能提升的综合性方案，由统筹主体、实施主体依据相关国土空间规划、各类行业规划和项目更新需要编制，内容包括用地规划条件、建筑设计与改造方案、土地利用方式、未登记建筑处理、项目实施安排、资金测算、运营管理等，根据项目类型特点及实施主体要求可增加内容和附件，实施主体依据审查通过的实施方案申请办理投资、土地、规划、建设等行政许可或者备案，由各主管部门依法并联办理
		（三）加强城市更新项目实施管理	1. 上海市建立市、区两级城市更新项目入库管理机制。《上海市城市更新项目库管理办法》明确实行城市更新项目常态化入库申报和动态管理机制，各区政府结合城市体检报告，拟定城市更新项目，纳入区级项目储备库，组织为具备实施条件的项目编制入库方案并申报纳入市级项目库。市更新办组织专家评审、部门联审，研究项目实施路径和支持政策，提出项目入库批复意见，进入市级项目库可享受规划、土地、融资、建管、运营等政策支持。 2. 河南省建立省级城市更新项目管理信息系统。《关于做好城市更新项目谋划储备工作的通知》明确城市更新项目谋划的原则和重点，建立全省统一的城市更新项目管理信息系统，要求各地坚持片区统筹、"打捆"实施原则，系统谋划城市更新项目，按照谋划一批、储备一批、实施一批的滚动机制，做好项目审查、入库、动态管理

续表

序号	政策机制	主要举措	具体做法
四	优化存量资源盘活利用政策	（一）鼓励土地复合利用、建筑功能转换	1. **北京市明确用地功能混合要求**。《北京市建设用地功能混合使用指导意见（试行）》提出在规划编制阶段，依据街区定位和特点划定不同主导功能分区，对不同实施程度的街区分别明确街区功能混合引导重点。在规划实施阶段，采取正负面清单的方式明确各类用地允许、禁止兼容内容和比例要求，如对居住用地、公共管理与公共服务用地、商业服务业用地，明确兼容功能的地上总建筑规模不超过地上总建筑规模的15%。在建筑更新阶段，细化存量建筑用途转换的正面清单和转换规模比例管控要求，鼓励各类存量建筑转换为市政交通基础设施、公共服务设施、公共安全设施。 2. **苏州市支持存量建筑功能转换**。《苏州市关于促进存量建筑盘活利用提升资源要素利用效益的指导意见》支持各类实施主体利用存量建筑发展新产业新业态，提升公共服务功能，允许临时改变建筑使用功能，建立功能转换正面清单，保持土地使用权和土地用途5年过渡期不变，明确在5年过渡期内免征缴相关土地收益，5年过渡期满后可恢复原功能、按年缴纳土地收益继续使用、一次性补缴地价款、永久调整用地性质等
		（二）优化容积率奖励、产权管理机制	1. **海南省、成都市对城市更新项目实施容积率奖励**。海南省明确城市更新中新增补占地面积在300平方米以下的市政基础设施和公共服务设施不计入容积率，不独立占地的公共服务设施不计入容积率，用地单位自愿将经营性用地用于建设绿地、广场、停车场等开敞空间的，在保障无偿开放使用前提下，可按照占地面积1:1的比例折算为建筑面积，作为奖励面积不计入容积率。成都市对城市更新项目中保留历史建筑、工业遗产、额外提供公共服务设施、增设电梯消防设施等不计入容积率。 2. **武汉市、南京市完善城市更新产权管理政策**。《武汉市关于做好城市更新中保留建筑不动产登记的若干意见（试行）》针对不同更新方式制定相应的产权归集及不动产登记路径，明确不动产首次登记、转移登记、变更登记3种不动产登记方式，便于实施主体灵活选择。《南京市住宅类危房治理项目规划审批与不动产登记管理工作意见》分类明确维修加固类、征收拆除类、翻建类住宅危房改造的规划审批和不动产登记要求，细化项目实施前期准备、方案确定、不动产登记3个阶段的产权办理程序和路径

续表

序号	政策机制	主要举措	具体做法
五	构建城市更新多元投融资机制	（一）加大地方政府资金投入	1. 江苏省出台"城新贷"财政贴息政策。《江苏省"城新贷"财政贴息实施方案》提出按照政府引导、免审即享、总额控制、严控风险的原则，对城市更新重点领域和建筑市政基础设施领域设备更新中长期贷款给予总计4亿元的1个百分点省级财政贴息，引导金融和社会资本加大对城市更新领域的支持力度，鼓励设区市、县（市）对享受省级贴息的项目给予配套贴息。据测算，按1个百分点进行贷款贴息，贷款企业可减少利息负担1/3左右，省市联动则可减轻利息负担2/3以上。 2. 重庆市发行政府专项债支持城市更新。把政府专项债作为城市更新重要资金来源之一，强化城市更新项目常态谋划和动态储备，挖掘项目长效收益，做好"肥瘦搭配"，加强各类资金整合投入。如渝中区近三年共发行城市更新专项债包13个、发债总额83.3亿元，10—30年期，利率2.71%—3.3%，撬动区域固定资产投资约120亿元，形成投资拉动力，持续推动城镇老旧小区改造、风貌保护、"两江四岸"治理提升、地下管网改造、重大基础设施建设等城市更新项目实施
		（二）组织金融机构、社会资本多渠道融资	1. 河南省整合多种金融工具支持城市更新。出台《关于金融支持城市更新行动的意见》明确城市更新8大类金融支持领域，搭建政企银沟通平台，积极引入银行等金融机构，建立项目对接机制，鼓励金融机构在贷款规模上给予专项支持，探索将项目主体未来收益权作为担保方式，支持区域统筹平衡项目融资，开辟优先审批、特事特办、减利让费等授信绿色通道。2024年上半年，通过金融机构预审的城市更新项目114个，有88个项目获得金融机构批复，累计投放贷款216.62亿元。 2. 江西省引导开发性、政策性金融机构支持城市更新。组织各地市精准谋划一批开发性政策性金融支持项目，形成项目库，支持开发性政策性金融机构提前介入，协助开展项目实施方案编制，探索通过资产注入（转让）、贷款贴息、运营权收益权质押、所有权使用权分离等方式，以及通过多功能混合利用、多业态融合经营、多主体共同出资等方法扩充项目经营性资产和现金流，提升融资保障能力。2023年有500余个项目与开发性政策性金融机构对接，170余个项目获批超200亿元贷款额。

续表

序号	政策机制	主要举措	具体做法
五	构建城市更新多元投融资机制	（二）组织金融机构、社会资本多渠道融资	3. **南通市设立城市更新资金超市**。由市住建、发改、财政、金融等7部门作为超市主办方，开展资金超市实体化运营，组织各类金融机构、社会组织和个人等资金供应方以及项目实施主体、专业经营单位等资金需求方入驻，涵盖财政资金、银行融资、社会资本和个人出资4类资金商品。资金超市主要提供政银企信息沟通对接、政策解读和项目资金申报、项目储备摸排和预先论证、优化资金申报审批流程、跟进项目资金落实情况等5项服务
六	探索城市更新多方参与机制	（一）鼓励央企、国企参与实施	1. **天津市建立城市更新与低效闲置国有资产盘活联动机制**。由市住建委、国资委建立国资系统城市更新项目联席会议机制，结合城市体检工作，定期梳理国有闲置低效资产规模、现状和分布情况，明确闲置资产类型和问题，编制全市优化生产力布局方案，形成市属国企盘活项目台账，逐项分析资产闲置原因并提出盘活方案，针对基础设施、配套服务不全等问题，聚焦民生改善、产业发展和载体建设，谋划实施一批国有资产更新改造项目，激发国有企业沉淀资产，推动城市完善功能、提升品质。 2. **北京市支持中央企业开展城市更新全链条资源统筹**。引导中央企业发挥集团产业链协同优势，增强在公益性、战略性更新领域的支撑保障作用。如石景山西部片区由中央企业统筹开展全域型更新，通过对更新片区进行全要素评估诊断，全面盘点片区存量资源，开展分阶段更新策划，定制更新模式和项目组合方式，统筹长短期、轻重资产项目，整合企业内外部产业资源开展招商，拓展营收途径，推动片区内资金自平衡，促进城市更新投-建-运-管全链条资源协同，实现城市与产业发展良性互动。 3. **鄂尔多斯市鼓励国有企业统筹实施街区更新**。以国有企业为主导，对老旧街区通过市场化运营方式实施更新。如东胜区1980老街区项目由区属国有企业统一返租、统一规划、统一改造，引入酒吧餐饮等业态，通过多元化运营盘活商业价值，带动街区原住民主动将闲置房屋委托国有企业统一管理，共盘活房屋94套
		（二）引导经营主体市场化运作	1. **重庆市通过专业化运营提升城市公共空间活力**。经营主体对城市更新项目进行投资、建设、管理、招商、运营和维护一体化运作，政府提供相关政策支持，提升城市空间品质和消费活力。如南岸区开埠遗址公园项目以

续表

序号	政策机制	主要举措	具体做法
六	探索城市更新多方参与机制	（二）引导经营主体市场化运作	"保护修缮＋公共服务＋活动策划"的方式，对闲置的立德乐洋行旧址等8栋文物建筑、2处历史建筑和2.3万平方米的公共空间进行修缮和活化利用，建设文化艺术中心、青少年活动空间、开放景观阳台等设施丰富公共文化生活，引入研学培训、特色餐饮、文化创意、艺术集市等新型业态，与城市公园有机融合，为市民提供研学、运动、艺术活动等公共服务3000余次，打造城市新地标和消费新场景。 2. 合肥市探索国有企业一体化运营推进老旧厂区改造。鼓励国有企业以市场化方式改造老旧厂区，打通老旧厂房改造的建设审批堵点，形成功能混合、业态融合的更新路径。如合柴1972文创园项目由国有文化创意企业负责项目建设策划、招商运营、艺术展览、活动策划、资产配置等一体化管理，保留原柴油机厂（监狱劳改工厂）老旧厂房建筑风貌和厂区肌理，引入展览、文创、新媒体等多样化业态，通过申请政府专项债、经营性地块租售、自持物业经营收益实现项目资金平衡
		（三）优化公众参与路径方法	1. 黄石市优化城市更新议事协商机制。建立点单式改造、设计师进小区、居民监督队、产权资产先移交后改造等联动模式，创新区政府、社区、居民、参建单位四方联动以及第三方成效评估等验收程序，引导居民、党员、企业、物业代表成立民主协商组织参与更新改造，实现人民城市人民建。 2. 威海市建立首席街长制陪伴式更新。实行"一街区一街长"的公益陪伴街区更新模式，选聘具有专业素质且愿意常驻威海的设计师担任首席街长，密切关注街区商户、市民、游客和实施主体等多方需求，持续跟进街区更新项目的设计、施工、业态引入和运营管理全过程并提出意见，实行陪伴式微更新、微改造。 3. 扬州市创新街区原住民"收储租"更新模式。由街道将优质街区资产先行收储，鼓励居民将闲置资产返租给街道并签订10—20年房屋租赁协议，每3年租金递增10%。街道出资或通过招商方式对租赁的危旧房屋进行恢复性修缮，属地居民全过程参与房屋修缮，自主决定后续业态选择和经营模式。如扬州市仁丰里历史文化街区更新项目，已收储仁丰里沿街民房42处，营运非遗项目21个，引导街道和居民签订租赁合同进行活化利用，带动居民原地居住、经营

4.《自然资源部关于开展低效用地再开发试点工作的通知》

(1)政策原文:

自然资源部关于开展低效用地再开发试点工作的通知

自然资发〔2023〕171号

北京、天津、河北、上海、江苏、浙江、安徽、福建、江西、山东、湖北、湖南、广东、重庆、四川等省(市)自然资源主管部门:

长期以来,在一些城镇和乡村地区,包括城中村、老旧厂区,普遍存在存量建设用地布局散乱、利用粗放、用途不合理等问题。为贯彻党中央、国务院关于实施全面节约战略等决策部署,落实在超大特大城市积极稳步推进城中村改造的有关要求,聚焦盘活利用存量土地,提高土地利用效率,促进城乡高质量发展,部决定在北京市等43个城市开展低效用地再开发试点,探索创新政策举措,完善激励约束机制,现就有关事项通知如下。

一、总体要求

(一)指导思想。以习近平新时代中国特色社会主义思想为指导,全面贯彻党的二十大精神和全国生态环境保护大会要求,坚持最严格的耕地保护制度、最严格的节约集约用地制度和最严格的生态环境保护制度,以国土空间规划为统领,以城中村和低效工业用地改造为重点,以政策创新为支撑,推动各类低效用地再开发,推动城乡发展从增量依赖向存量挖潜转变,促进形成节约资源和保护环境的空间格局、产业结构、生产方式、生活方式。

(二)工作原则。

1.坚持底线思维、守正创新。严格落实国土空间规划管控要求,严守红线底线,确保耕地不减少、建设用地总量不突破、生态保护红线保持稳定。在坚持"局部试点、全面探索、封闭运行、结果可控"

的前提下，探索创新盘活利用存量土地的政策机制。

2. 坚持有效市场、有为政府。坚持市场在资源配置中的决定性作用，更好发挥政府作用。强化政府在空间统筹、结构优化、资金平衡、组织推动等方面的作用，坚持公平公开、"净地"供应，充分调动市场参与的积极性。

3. 坚持补齐短板、统筹发展。坚持把盘活的城乡空间资源更多地用于民生所需和实体经济发展，补齐基础设施和公共服务设施短板，改善城乡人居环境，保障产业项目落地和转型升级。

4. 坚持公开透明、规范运作。强化项目全过程公开透明管理，维护市场公平公正。健全平等协商机制，充分尊重权利人意愿，妥善处理群众诉求。完善收益分享机制，促进改造成果更多更公平惠及人民群众。

（三）工作目标。试点城市要通过探索创新，统筹兼顾经济、生活、生态、安全等多元需要，促进国土空间布局更合理、结构更优化、功能更完善、设施更完备；增加建设用地有效供给，大幅提高利用存量用地的比重和新上工业项目的容积率，推广应用节地技术和节地模式，明显降低单位GDP建设用地使用面积；建立可复制推广的低效用地再开发政策体系和制度机制，为促进城乡内涵式、集约型、绿色化高质量发展提供土地制度保障。

二、主要任务

总结《关于深入推进城镇低效用地再开发的指导意见（试行）》（国土资发〔2016〕147号）实践经验，针对新形势、新任务、新要求，围绕低效用地再开发政策与机制创新，重点从四个方面开展试点探索。

（一）规划统筹。

1. 加强规划统领。依据国土空间总体规划，明确低效用地再开发的重点区域，合理确定低效用地再开发空间单元。探索编制空间单元内实施层面控制性详细规划，明确土地使用、功能布局、空间结构、基础设施和公共服务设施、建筑规模指标等要求，经法定程序批准后，作为核发规划许可的法定依据。探索土地混合开发、空间复合利用、容积率奖励、跨空间单元统筹等政策，推动形成规划管控与市场激励良性互动的机制。

2. 突出高质量发展导向。国土空间规划应针对低效用地再开发，明确目标导向，提出规划对策，强调高质量发展导向。基于促进产业转型升级、优先保障公共服务设施和基础设施供给、保护生态和传承历史文脉，在体现宜居、人文、绿色、韧性、智慧等方面，提出空间布局优化引导对策。

3. 引导有序实施。试点城市应当依据国土空间总体规划和控制性详细规划，编制低效用地再开发年度实施计划，确定低效用地再开发项目并有序实施。加强全市域、分区域的规划统筹，从城市整体利益平衡出发谋划实施项目，避免过度依赖单一地块增容来实现项目资金平衡。

（二）收储支撑。

1. 完善收储机制。对需要以政府储备为主推进低效用地再开发项目实施的，结合国土空间控制性详细规划编制，探索以"统一规划、统一储备、统一开发、统一配套、统一供应"推动实施。探索将难以独立开发的零星地块，与相邻产业地块一并出具规划条件，整体供应给相邻产业项目用于增资扩产（商品住宅除外）。

2. 拓展收储资金渠道。统筹保障土地收储、基础设施开发建设等资金投入，做好资金平衡，合理安排开发时序，实现滚动开发、良性循环。完善国有土地收益基金制度，明确国有土地收益基金计提比例，专项用于土地储备工作。

3. 完善征收补偿办法。完善低效用地再开发中土地征收的具体办法，依据国土空间规划合理确定土地征收成片开发中公益性用地比例等具体要求，明确集体土地上房屋征收补偿标准和程序、依法申请强制执行情形等规定。

（三）政策激励。

1. 探索资源资产组合供应。在特定国土空间范围内，同一使用权人需使用多个门类自然资源资产的，探索实行组合包供应，将各个门类自然资源的使用条件、开发要求、标的价值、溢价比例等纳入供应方案，通过统一的自然资源资产交易平台，一并对社会公告、签订配置合同，按职责进行监管。鼓励轨道交通、公共设施等地上地下空间综合开发节地模式，需要整体规划建设的，实行一次性组合供应，分用途、分层设立国有建设用地使用权。

2. 完善土地供应方式。鼓励原土地使用权人改造开发，除法律规定不可改变土地用途或改变用途应当由政府收回外，完善原土地使用权人申请改变土地用途、签订变更协议的程序和办法。鼓励集中连片改造开发，在权属清晰无争议、过程公开透明、充分竞争参与、产业导向优先的前提下，探索不同用途地块混合供应，探索"工改工"与"工改商""工改住"联动改造的条件和程序。依据国土空间规划确定规划指标，坚持"净地"供应，按照公开择优原则，建立竞争性准入机制，探索依法实施综合评价出让或带设计方案出让。

3. 优化地价政策工具。完善低效用地再开发地价计收补缴标准，分不同区域、不同用地类别改变用途后，以公示地价（或市场评估价）的一定比例核定补缴地价款；探索以市场评估价为基础按程序确定地价款，要综合考虑土地整理投入、移交公益性用地或建筑面积、配建基础设施和公共服务设施以及多地块联动改造等成本。探索完善低效工业用地再开发不再增缴土地价款的细分用途和条件。

4. 完善收益分享机制。对实施区域统筹和成片开发涉及的边角地、夹心地、插花地等零星低效用地，探索集体建设用地之间、国有建设用地之间、集体建设用地与国有建设用地之间，按照"面积相近或价值相当、双方自愿、凭证置换"原则，经批准后进行置换，依法办理登记。探索完善土地增值收益分享机制，完善原土地权利人货币化补偿标准，拓展实物补偿的途径。优化保障性住房用地规划选址，增加保障性住房用地供应，探索城中村改造地块除安置房外的住宅用地及其建筑规模按一定比例建设保障性住房，探索利用集体建设用地建设保障性租赁住房。

5.健全存量资源转换利用机制。在符合规划、确保安全的前提下，探索对存量建筑实施用途转换的方法，按照实事求是、简化办理的原则，制定转换规则，完善相关审批事项办理程序。鼓励利用存量房产等空间资源发展国家支持产业和行业，允许以5年为限，享受不改变用地主体和规划条件的过渡期支持政策。

（四）基础保障。

1.严格调查认定和上图入库。探索完善评价方法，因地制宜制定低效用地认定标准。试点城市自然资源主管部门以第三次全国国土调查及最新年度国土变更调查成果为基础，全面查清低效用地及历史遗留用地底数，全部实现上图入库，经省级自然资源主管部门审核同意后报部备案，纳入国土空间规划"一张图"实施监督信息系统，作为试点相关政策实施和成效评估的依据。

2.做好不动产确权登记。纳入低效用地再开发范围的土地、房屋等不动产，应当权利归属清晰、主体明确、不存在权属争议。防止因低效用地再开发产生新的遗留问题，导致不动产"登记难"。严禁违反规定通过"村改居"方式将农民集体所有土地直接转为国有土地。完成低效用地再开发后，不动产登记机构根据当事人申请，依法及时办理相关不动产登记，维护权利人合法权益。

3.妥善处理历史遗留用地等问题。对于历史形成的没有合法用地手续的建设用地，要根据全国国土调查结果、区分发生的不同时期依法依规分类明确认定标准和处置政策，予以妥善处理，要确保底数清晰、封闭运行、严控新增、结果可控。对第二次全国土地调查和第三次全国国土调查均调查认定为建设用地的，在符合规划用途前提下，允许按建设用地办理土地征收等手续，按现行《土地管理法》规定落实征地补偿安置；对其地上建筑物、构筑物，不符合规划要求、违反《城乡规划法》相关规定的,依法依规予以处置。加快超期未开发住宅用地的依法处置,摸清底数和原因,落实责任单位,提出分类型、分步骤依法收回的具体措施。

三、组织实施

低效用地再开发试点期限原则上为4年,各试点城市要按照本通知规定要求,积极稳妥、有力有效地推进试点工作。试点期间,部将组织开展中期评估,评价各试点城市实施成效,加强督促指导。

(一)及时研究部署,编制实施方案。各试点城市要将试点工作纳入政府重要议事日程,加强组织领导,及时研究部署,调动各方力量,协调重大问题。要结合本地实际,抓紧编制试点实施方案,明确试点工作的范围重点、目标任务、实施步骤、责任分工和保障措施,提出试点政策机制的创新思路与实现路径,由城市人民政府审定后实施。试点实施方案由省级自然资源主管部门报部备案。

(二)边实践边总结,深入推进试点。各试点城市要在坚持原则、守住底线的前提下,围绕试点目标任务,系统性、创新性地开展试点工作。注重阶段性总结评估,提炼可复制推广的制度、政策、机制性成果,每半年向部和省级自然资源主管部门报送试点进展与成果情况。部将组织试点城市座谈交流,研究重大问题,共同推进试点工作。

(三)加强跟踪指导,确保预期成效。省级自然资源主管部门要加强对试点工作指导,跟踪试点情况,及时纠正偏差,确保试点工作取得预期效果。各试点城市要坚持以人为本,强化项目信息公开,依法依规履行征求权利人意见、社会公示、集体决策等程序,畅通沟通渠道,接受社会监督,保障人民群众合法权益。稳妥有序推进,加强社会稳定风险评估和重大项目法律风险评估,有效预防和控制风险。

为贯彻落实中央在超大特大城市积极稳步推进城中村改造的决策部署,未纳入本通知试点范围的超大特大城市,以及具备条件的城区常住人口300万以上的大城市，实施城中村改造项目可参照本通知明确的试点政策执行。

自然资源部
2023年9月5日

（2）政策解读：(摘自江苏"无锡发布"公众号)

出台背景

深入贯彻落实全面节约战略，落实中央积极稳步推进城中村改造决策部署。《通知》以习近平新时代中国特色社会主义思想为指导，全面贯彻党的二十大精神和全国生态环境保护大会要求，深入贯彻党中央、国务院关于实施全面节约战略等决策部署，落实在超大特大城市积极稳步推进城中村改造有关要求，统筹部署城市开展低效用地再开发试点工作。

党的二十大报告提出，高质量发展是全面建设社会主义现代化国家的首要任务；推动经济社会发展绿色化、低碳化是实现高质量发展的关键环节；要实施全面节约战略，推进各类资源节约集约利用。2023年4月，中央政治局会议作出在超大特大城市积极稳步推进城中村改造的决策部署；2023年7月，国务院常务会议审议通过《关于在超大特大城市积极稳步推进城中村改造的指导意见》（以下简称《指导意见》），强调在超大特大城市积极稳步实施城中村改造，要坚持稳中求进、积极稳妥，优先对群众需求迫切、城市安全和社会治理隐患多的城中村进行改造；要坚持城市人民政府负主体责任，加强组织实施，科学编制改造规划计划，多渠道筹措改造资金，高效综合利用土地资源，统筹处理各方面利益诉求，并把城中村改造与保障性住房建设结合好；要充分发挥市场在资源配置中的决定性作用，更好发挥政府作用，加大对城中村改造的政策支持，积极创新改造模式，鼓励和支持民间资本参与，努力发展各种新业态，实现可持续运营。自然资源部开发利用司主要负责人认为，大力推动包括城中村在内的低效用地再开发工作，有利于促进城乡国土空间布局更合理、结构更优化、功能更完善、设施更完备，促进城乡内涵式、集约型、绿色化高质量发展。

长期以来，在一些城镇和乡村地区，包括城中村和老旧厂区，普遍存在存量建设用地布局散乱、利用粗放、用途不合理等问题。有的城中村人居环境差，基础设施和公共服务设施不足，有的产业用地容积率较低，投入和产出水平不高。在人口净流入、新增空间有限、产业发展用地矛盾突出的城市，开展低效用地再开发试点，有利于补齐基础设施和公共服务设施短板，改善城乡人居环境，有利于增加建设用地有效供给，保障产业项目落地和转型升级。

推进低效用地再开发试点工作，也是转变城乡发展方式，实施以存量换增量的现实要求。原国土资源部在支持广东、江苏、浙江等地开展低效用地再开发的基础上，于2016年印发《关于深入推进城镇低效用地再开发的指导意见（试行）》（国土资发〔2016〕147号，简称147号文），从规划引领、土地保障、历史遗留问题处理等方面给予政策激励，在全国层面推动城镇低效用地再开发。从实施情况看，东部地区率先实施低效用地再开发，积累了一定的经验。随着低效用地再开发工作深入推进，社会效益好、改造难度小的项目逐步消化，原有政策红利逐步减弱，面临规划难统筹、资金难筹措、收益分配难协调、历史遗留问题难处理等问题。开展低效用地再开发试点，有利于探索创新盘活利用存量土地的政策机制，有利于推动城乡发展从增量依赖向存量挖潜转变，大幅提高利用存量用地的比重，明显降低单位GDP地耗，促进形成节约资源和保护环境的空间格局、产业结构、生产方式、生活方式。

制定背景

以解决发展难题为导向，在深入调查研究的基础上形成政策供给。《通知》是自然资源部以开展学习贯彻习近平新时代中国特色社会主义思想主题教育为契机，以解决发展实践难题为导向，大兴调查研究、广泛征求意见，全面贯彻落实党中央、国务院有关战略决策的制度供给成果。

自然资源部开发利用司组织对147号文执行情况和广东省"三旧"改造情况进行了评估并形成了评估报告。面向京津冀、长三角、珠三角、成渝、长江中游、山东半岛、粤闽浙沿海城市群，请有关省（区、市）自然资源主管部门推荐了试点城市。与此同时，组织北京、上海、江苏、浙江、福建、广东、四川等省（市）自然资源主管部门、相关专家围绕低效用地再开发开展座谈研讨，赴上海、浙江、福建、湖南、广东、广西、四川、重庆、陕西等地开展低效用地再开发实地调研，提炼实践经验和政策需求。此外，对20个省份的28个城市进行函调，充分征求并吸收了部相关司局和江苏、浙江、广东、福建等省（市）以及试点城市自然资源主管部门意见。

为贯彻落实党中央、国务院关于在超大特大城市积极稳步推进城中村改造的有关要求，自然资源部决定在2022年9月启动的泉州试点基础上，按照"人口净流入、新增空间有限、产业发展用地矛盾突出、具有典型示范意义的城市"的标准，结合有关省（区、市）自然资源主管部门推荐意见，扩大低效用地再开发试点，将北京、天津、河北、上海、江苏、浙江、安徽、福建、江西、山东、湖北、湖南、广东、重庆、四川等15个省（市）的43个城市纳入试点范围。作为《指导意见》的配套文件，《通知》细化落实在超大特大城市积极稳步推进城中村改造的决策部署，规定未纳入试点范围的超大特大城市以及具备条件的城区常住人口300万以上的大城市，实施城中村改造项目可参照本《通知》明确的支持意见执行。

政策亮点

支持试点城市重点从四方面探索创新，健全节约集约用地制度。《通知》包括总体要求、主要任务和组织实施3部分。围绕盘活利用存量用地，聚焦低效用地再开发，支持试点城市重点从规划统筹、收储支撑、政策激励、基础保障4个方面探索创新政策举措，完善激励约束机制，健全节约集约用地制度。

各地要积极探索与低效用地再开发相适应的规划和土地政策，依据国土空间总体规划合理确定低效用地再开发空间单元，编制空间单元内实施层面详细规划，探索土地混合开发、空间复合利用、容积率奖励、跨空间单元统筹等政策。

试点城市要完善收储机制和征收办法，对需要以政府储备为主推进低效用地再开发项目实施的，以"规划、储备、开发、配套和供应"五统一推动实施；结合低效用地再开发实际，依据国土空间规划合理确定土地征收成片开发中公益性用地比例等具体要求。试点城市要探索资源资产组合供应，对同一使用权人需要使用多个门类自然资源资产的，实行组合包供应；对需要整体规划建设的轨道交通、公共设施等地上地下空间，实行一次性组合供应。

要完善土地供应方式和地价政策工具，探索不同用途地块混合供应，"肥瘦搭配"联动改造，综合评价出让或带设计方案出让，完善地价计收补缴标准。完善收益分享机制，探索边角地、夹心地、插花地等零星低效用地通过国有与国有、集体与集体、国有与集体之间整合、置换方式实施成片改造，完善原土地权利人货币化补偿标准，拓展实物补偿的途径，探索利用集体建设用地建设保障性租赁住房。妥善处理历史遗留用地等问题，对第二次全国土地调查和第三次全国国土调查均认定为建设用地的，允许按建设用地办理土地征收等相关手续。

路径引领

试点工作开展过程中，严格落实国土空间规划管控要求，严守红线底线，确保耕地不减少、建设用地总量不突破、生态保护红线保持稳定，要在坚持"局部试点、全面探索、封闭运行、结果可控"的前提下，探索创新盘活利用存量土地的政策机制。

试点工作要坚持有效市场、有为政府相结合，坚持市场在资源配置中的决定性作用，更好发挥政府作用。强化政府在空间统筹、结构优化、资金平衡、组织推动等方面的作用，坚持公平公开、"净地"

出让，充分调动市场参与的积极性。试点工作要坚持补齐短板、统筹发展。坚持把盘活的城乡空间资源更多地用于民生所需和实体经济发展，补齐基础设施和公共服务设施短板，改善城乡人居环境，保障产业项目落地和转型升级。

同时，试点工作要坚持公开透明、规范运作，强化项目全过程公开透明管理，维护市场公平公正。健全平等协商机制，充分尊重权利人意愿，妥善处理群众诉求。完善收益分享机制，促进改造成果更多、更公平地惠及人民群众。

试点期限原则上为4年。2023年12月底前，试点城市要制定实施方案，提出试点政策机制的创新思路和实现路径；2024年3月前，完成低效用地调查摸底并上图入库。试点期间，试点城市要坚持以人为本，强化项目信息公开，依法依规履行征求权利人意见、社会公示、集体决策等程序，畅通沟通渠道，接受社会监督，保障人民群众合法权益，要及时开展阶段性总结评估，提炼可复制推广的制度、政策、机制性成果。

有关省（区、市）自然资源主管部门要加强对试点工作指导，跟踪试点情况，及时纠正偏差，确保试点工作取得预期效果。自然资源部将开展中期评估，评价各试点城市实施成效，加强督促指导。

5. 自然资源部办公厅关于印发《支持城市更新的规划与土地政策指引（2023版）》的通知

（1）政策原文：

自然资源部办公厅关于印发
《支持城市更新的规划与土地政策指引（2023版）》的通知
自然资办发〔2023〕47号

各省、自治区、直辖市自然资源主管部门，新疆生产建设兵团自然资源局：

为贯彻落实党中央、国务院决策部署，发挥"多规合一"的改革优势，加强规划与土地政策融合，提高城市规划、建设、治理水平，支持城市更新，营造宜居韧性智慧城市，部组织制定了《支持城市更新的规划与土地政策指引（2023版）》。现印发给你们，请结合实际抓好落实，因地制宜制订各省市的政策指引并及时总结经验，分析问题和矛盾，重要事项及时报告我部。

自然资源部办公厅

2023年11月10日

因篇幅有限，本条政策内容可至中华人民共和国中央人民政府门户网站查询。

（2）政策解读：（官方）

落实党中央要求，顺应时代发展

贯彻落实党中央要求。 2015年12月中央城市工作会议就要求要坚持集约发展，框定总量、限定容量、盘活存量、做优增量、提高质量。党的十九大报告中指出，我国经济已由高速增长阶段转向高质量发展阶段，正处在转变发展方式、优化经济结构、转换增长动力的攻关期，建设现代化经济体系是跨越关口的迫切要求和我国发展的战略目标。党的二十大报告中进一步要求要坚持人民城市人民建、人民城市为人民，提高城市规划、建设、治理水平，加快转变超大特大城市发展方式，实施城市更新行动，加强城市基础设施建设，打造宜居、韧性、智慧城市。为落实《全国国土空间规划纲要（2021—2035）》的有关要求，自然资源部出台了第一部国土空间规划的"政策指引"，以支持城市更新。

积极履行自然资源部门职责。《土地管理法》和《城乡规划法》赋予自然资源部门的土地和规划管理职责也同样适用在城市更新行动中。在 2023 年 8 月底全国国土空间规划工作会议上，自然资源部党组书记、部长王广华要求加快详细规划编制实施，全面传导实施总体规划要求，为城市更新行动、历史文化遗产保护，转变超大特大城市发展方式提供规划依据。

及时回应地方期盼。工作调研中也发现，城市更新的体制机制存在障碍和政策堵点，具体表现在传统的规划管理、标准规范、政策工具以及商业模式等，有无法适应党中央部署城市更新行动工作要求的地方。因此，制定支持城市更新的规划和土地政策指引，主要是为了让各地在推动城市更新工作中，能够更好地创新规划编制和实施管理机制，探索适应城市更新的路径和方法。

顺应时代发展需要。在我国经济由高速增长阶段转向高质量发展阶段，城市更新成为国土空间全域范围内持续完善功能、优化布局、提升环境品质、激发经济社会活力的空间治理活动。在这个历史时点上，亟须通过《政策指引》坚持国土空间规划引领、加强规划与土地政策衔接、统一和规范国土空间用途管制。

规划引领、激发活力

将城市更新融入国土空间规划体系。《中共中央 国务院关于建立国土空间规划体系并监督实施的若干意见》建立"五级三类"国土空间规划体系。《政策指引》明确各级各类的国土空间规划应充分适应城市高质量发展的需要，将城市更新的规划要求纳入国土空间规划"一张图"实施监督信息系统，加强实施管理。特别是当前市县级国土空间总体规划的编制工作基本完成，正在加快报批，详细规划和专项规划已经成为今后一个阶段的工作重点。因此，要把城市更新工作的有关要求贯穿到总体规划、详细规划、专项规划中。

总体规划层面。规划编制的方法和实施管理有相应的调整。**首先，在市县域层面**，要明确所在城市的更新在规划方面的总体要求，总体规划要发挥优化空间布局的作用，要明确城市更新在总体规划工作中的重点和近期行动计划的内容，制定城市更新的规划目标、实施策略、规划重点、管控引导等措施，要明确更新对象和更新范围。**其次，在城区层面**，针对存量空间地区，要进一步明确更新区域和重大更新项目，拟定近期的城市更新任务清单，纳入总体规划的近期行动计划。

详细规划层面。分为更新规划单元和更新实施单元两个层级。**首先，更新规划单元层级**，根据总体规划明确的更新规划单元来编制详细规划，分解落实总体规划的有关要求，明确更新规划单元的发展定位、主导功能、建设规模总量等，对于城市更新对象的更新方式提出指引措施。在传导总体规划到更新规划单元的详细规划过程中，要按照总体规划的思路来逐级逐步落实。**其次，更新实施单元层级**，更新实施单元的详细规划，要安排细化更新规划单元的各项规划管控和引导措施。过程中，可能会因为原权利人、市场主体以及政府之间对于城市更新的不同认识、不同考虑，需要做大量的协调工作。要根据更新项目的规划情形来制定新的规划条件，依法依规按程序进行动态维护和修改，保证城市更新项目规划管控的精准性和合理性。**依据总体规划编制更新规划单元的详细规划，依据实际的需求编制更新实施单元的详细规划，是预先安排与市场需求的结合，是刚性与弹性的兼顾**。这两层级详细规划之间，必须要依法依规按程序办理，关键在于要保障利益相关方的诉求，更好地使更新实施单元的详细规划成为抓好城市更新工作的重要手段，来促进多元主体的互动，提高规划实施和未来项目运营的水平，推动城市更新的顺利开展。

专项规划层面，在城市更新的过程中，不完全是地上既有建筑物的更新，还包括地下空间、历史保护地区，以及公共服务设施、市政基础设施的更新。规划的相应内容就会涉及相关的专项规划，因此，专项规划要因地制宜、多措并举适应城市更新的需要。需要注意的是，如果专项规划的内容涉及详细规划调整，必须依法履行调整程序。

改进国土空间规划方法。为更好发挥规划的引领作用，改进规划方法势在必行。**首先，必须开展针对性的调查**，特别要利用好自然资源部门的优势，梳理好、用好国土调查、地籍调查、不动产登记有关的权益信息，夯实规划基础。**其次，要作好国土空间规划体检评估**，针对更新特点进行评估更有利于明确更新的规划导向，结合更新特点要求来提高详细规划的适应性和对市场的及时响应能力。

再次，更新过程中要加强各相关专题研究，更新过程是激发城市活力、营造高品质环境的过程。因此，要特别强调深入应用城市设计方法，树立大设计观，加强城市更新项目的运营维护和收益分配，以及建筑工程投资测算等方面的专题研究。研究结论要按程序纳入详细规划，成为规划实施的重要参考依据。

最后，更新过程要注意搭建平台，更新过程是合作协商的空间治理过程，政府部门和责任规划师，以及规划更新对象涉及的基层群众，都要成为协商合作的主体。

政策融合、突破瓶颈

自然资源部门要牢记"**严守资源安全底线，优化国土空间布局，促进绿色低碳发展，维护资源资产权益**"四个工作定位，作为支持城市更新的重要工作原则。在《政策指引》起草过程中，也逐步明确了三个政策价值取向。**首先应当坚持民生公益来提高人居环境的品质。第二要坚持节约集约，优化国土空间布局。第三要充分尊重权益，来激发多元主体的活力**，这三个方面是贯穿《政策指引》重要的政策价值取向。《政策指引》主要包括五个方面政策导向内容。

优化核定容积率。城市更新不是简单的以旧换新，不能通过简单的增容来解决更新问题。城市更新目的是要保障民生，**首先，应以激励公益贡献为导向**，如果需要新增容积率，应当指向保障居民的基本生活需求、补足短板，即在对周边不产生负面影响的前提下，实施城市基础设施、公共服务设施、公共安全设施，以及老旧小区成套房改造等项目。**其次，奖励或转移容积率应以"两多"为导向**，即在城市更新项目的规划条件之外，如果能够多保留不可移动文物历史建筑，能够多无偿移交未来开发出来的公共服务设施，能做出更多公益性贡献，按照相应的面积，可以给予一定的奖励。**此外，新增的建筑量直接涉及民生改善的，可不计入容积率。**

鼓励用地功能转换兼容。城市发展中土地混合使用是一个必然的趋势，这是增强城市活力、提高城市实际功能效益的重要手段，要从简单机械化的功能切割转向土地用地功能的兼容，要允许非公益向公益以及公益之间互转等。在制定配套的细则中，要明确正负面清单和比例管控的要求，加强后期的监管，使得功能转换以后的使用和运营的手续管理能够指向对民生的改善，指向公共服务的补足。

推动复合利用土地。在符合安全使用的各种国家标准规范前提下，推动城市更新的复合利用和节约利用来方便群众的生活。如通过土地组合出让的方式，统筹地上地下空间，分层设置权益，提高土地节约集约利用水平。

细化年限税费地价计收规则。适应市场的需求，鼓励灵活确定土地出让年限和租赁的年期，以"无收益、不缴税"为原则，更新项目可依法享受行政事业性收费减免和税收优惠政策，此外，要加强对国有建设用地使用税的征管。同时鼓励优化地价计收规则。

妥善解决历史遗留问题。要依法依规尊重历史，公平、公正、包容、审慎。如在2023年印发的《关于在超大特大城市积极稳步推进城中村改造的指导意见》(国办发〔2023〕25号)中，明确超大特大城市以及城区人口300万以上的城中村改造项目，对第二次全国土地调查和第三次全国国土调查均调查认定为建设用地的，在符合规划用途前提下，允许按建设用地办理土地征收等手续。所以在更新中解决历史遗留问题时，要认真把握好政策边界。

此外，需要强调的两个问题。

在支持城市更新中要注意防范廉政风险和法律风险，要依法行政。《政策指引》的出台是明确导向，引导各地因地制宜制定具体的政策规定。比如，在强化土地合同监管中，对于未依法将规划条件、产业准入和生态环境保护要求纳入合同的，合同无效；造成损失的，依法承担民事责任。以上所指的合同包括城市更新项目涉及的土地使用权出让合同或履约监管协议等合同，纳入合同的"规划条件、产业准入和生态环境保护要求"应有明确法律法规规定。**对于国有建设用地使用权出让合同**，规划条件是《民法典》和《城乡规划法》明确规定需纳入其中的内容，但尚无关于产业准入和生态环境保护要求需纳入的法律规定。**对于集体经营性建设用地使用权出让合同**，《土地管理法实施条例》规定，未依法将规划条件、产业准入和生态环境保护要求纳入合同的，合同无效；造成损失的，依法承担民事责任。**对于相关的履约监管协议**，可由相应监管部门根据《文物保护法》《环境保护法》《土壤污染防治法》等法律法规提出相关产业准入和生态环境保护要求纳入其中，并实施监督管理。

在支持城市更新中，要守好底线。

要吃透部已印发的《关于在经济发展用地要素保障工作中严守底线的通知》（自然资发〔2023〕90号）文件精神，坚持以国土空间规划作为用地依据，强化土地利用计划管控约束，落实永久基本农田特殊保护要求，规范耕地占补平衡，稳妥有序落实耕地进出平衡，严守生态保护红线，严控新增城镇建设用地，严格执行土地使用标准，加大存量土地盘活处置力度，切实维护群众合法权益。特别强调，各地在制定支持城市更新的规划和土地政策中，要坚持"多规合一"要求，不得以专项规划、片区策划、实施方案、城市设计方案等替代详细规划，设置规划条件，核发规划许可。

各地在支持城市更新的工作中，要结合实际，因地制宜制定各省市的政策指引，并及时总结经验，分析问题和矛盾。部也将根据各地成熟且有效的经验，不断提炼总结，适时优化迭代，更好地支持推动城市更新工作。

6.《住房城乡建设部关于全面开展城市体检工作的指导意见》

（1）政策原文：

住房城乡建设部关于全面开展城市体检工作的指导意见

建科〔2023〕75号

各省、自治区住房城乡建设厅，直辖市住房城乡建设（管）委，北京市规划和自然资源委，新疆生产建设兵团住房城乡建设局：

近年来，各地认真学习贯彻习近平总书记关于城市体检工作的重要指示批示精神，组织样本城市和试点城市探索创新城市体检指标体系、方式方法和体制机制，一体化推进城市体检与城市更新工作，形成了可复制推广的经验。为贯彻落实党中央、国务院关于建立城市体检评估制度的要求，在地级及以上城市全面开展城市体检工作，扎实有序推进实施城市更新行动，现提出如下意见。

一、总体要求

以习近平新时代中国特色社会主义思想为指导，深入贯彻落实党的二十大精神，完整、准确、全面贯彻新发展理念，坚持人民城市人民建、人民城市为人民，把城市体检作为统筹城市规划、建设、管理工作的重要抓手，整体推动城市结构优化、功能完善、品质提升，打造宜居、韧性、智慧城市。坚持问题导向，划细城市体检单元，从住房到小区（社区）、街区、城区（城市），找出群众反映强烈的难点、堵点、痛点问题。坚持目标导向，把城市作为"有机生命体"，以产城融合、职住平衡、生态宜居等为目标，查找影响城市竞争力、承载力和可持续发展的短板弱项。强化结果运用，把城市体检发现的问题作为城市更新的重点，聚焦解决群众急难愁盼问题和补齐城市建设发展短板弱项，有针对性地开展城市更新，整治体检发现的问题，建立健全"发现问题—解决问题—巩固提升"的城市体检工作机制。

二、重点任务

（一）明确体检工作主体和对象。开展城市体检工作要坚持城市政府主导，建立城市住房城乡建设部门牵头，各相关部门、区、街道和社区共同参与，第三方专业团队负责的工作机制。城市住房城乡建设部门要制定城市体检工作方案、工作规则和技术标准，遴选第三方专业团队。相关部门、区、街道和社区要配合第三方专业团队做好体检工作。第三方专业团队负责城市体检数据采集和分析诊断，汇总城市体检结果，编写城市体检报告。城市体检对象包括住房、小区（社区）、街区、城区（城市）。住房、小区（社区）体检要以社区为基本单元统筹开展，街区体检要结合现有街道行政边界开展，衔接城市更新单元（片区）。相关部门可组织对"平急两用"公共基础设施建设、城市基础设施生命线安全工程、历史文化保护传承等方面开展专项体检，与城市体检工作做好衔接。

（二）完善体检指标体系。围绕住房、小区（社区）、街区、城区（城市），建立城市体检基础指标体系（试行，详见附件），设定一定数量的核心指标。核心指标为能够获得精准稳定数据、可以进行纵向横向对比且具可持续性的指标。住房维度，从安全耐久、功能完备、绿色智能等方面设置房屋结构安全、管线管道、入户水质、建筑节能、数字家庭等指标。小区（社区）维度，从设施完善、环境宜居、管理健全等方面设置养老、托育、停车、充电等指标。街区维度，从功能完善、整洁有序、特色活力等方面设置中学、体育场地、老旧街区等指标。城区（城市）维度，从生态宜居、历史文化保护利用、产城融合、安全韧性、智慧高效等方面设置指标。地方各级住房城乡建设部门要结合本地实际，在城市体检基础指标体系基础上增加特色指标，细化每项指标的体检内容、获取方式、评价标准、体检周期等，做到可量化、可感知、可评价。

（三）深入查找问题短板。城市体检重在发现问题、推动解决问题。第三方专业团队开展数据采集和汇总分析，要坚持实事求是，充分使用全国自然灾害综合风险普查房屋建筑和市政设施调查、城市危旧房摸底调查、专业部门统计数据等已有数据资源，避免重复调查。住房、小区（社区）体检要组织街道和社区工作人员、物业服务企业、专业单位共同参与，畅通居民建言献策渠道，配合第三方专业团队摸清房屋使用中存在的安全隐患，找准养老、托育、停车、充电等设施缺口以及小区环境、管理方面的问题，建立各社区问题台账。涉及房屋结构安全、燃气安全等专业性较强的问题，需与专业单位出具的调查鉴定意见相一致。街区体检要充分考虑街区功能定位，衔接十五分钟生活圈，查找公共服务设施缺口以及街道环境整治、更新改造方面的问题，建立各街区问题台账。城区（城市）体检要综合评价城市生命体征状况和建设发展质量，找准短板弱项。

（四）强化体检结果应用。第三方专业团队要按照轻重缓急的原则对体检发现的问题进行系统梳理、诊断分析，将问题分为限时解决和尽力解决两类，提出问题清单和整治建议清单，并在全面汇总工作开展情况基础上，形成城市体检报告，提交城市住房城乡建设部门，经组织专家论证并征求各区政府、各有关部门意见后报城市政府。各城市要将城市体检报告提出的问题清单分解落实到各区政府、各有关部门，明确整治措施和完成时限。其中，需要限时解决的问题主要是涉及安全、健康以及群众反映强烈的突出问题，针对这类问题要做到立行立改、限时解决。对于需要尽力解决的问题，要坚持尽力而为、量力而行，一件事情接着一件事情办，一年接着一年干，尽力补齐短板弱项。城市住房城乡建设部门要依据城市体检报告，制定城市更新规划和年度实施计划，生成城市更新项目库，统筹推进既有建筑更新改造、城镇老旧小区改造、完整社区建设、活力街区打造、城市功能完善、城市基础设施更新改造、城市生态修复、历史文化保护传承等城市更新工作。要将解决上一年度体检发现问题的情况纳入到本年度的城市体检工作中，持续推进问题解决。

（五）加快信息平台建设。各级住房城乡建设部门应结合城市体检、全国自然灾害综合风险普查房屋建筑和市政设施调查、城市信息模型（CIM）基础平台建设等工作，汇聚第三方专业团队采集的体检数据、体检形成的问题清单、整治建议清单、工作进度等数据，搭建城市体检数据库，按照规定做好数据保存管理、动态更新、网络安全防护等工作。以城市体检数据库为基础，建设城市体检信息平台，发挥信息平台在数据分析、监测评估等方面的作用，实现体检指标可持续对比分析、问题整治情况动态监测、城市更新成效定期评估、城市体检工作指挥调度等功能，为城市规划、建设、管理提供基础支撑。

三、保障措施

（一）加强组织领导。各级住房城乡建设部门要充分认识开展城市体检工作的重要性，将其作为实施城市更新行动的重要基础性工作，在当地党委、政府领导下，加强部门合作，形成工作合力，扎实推进城市体检工作。城市体检工作于每年3—8月开展，各地可按照预算管理有关规定，结合实际工作需要，统筹安排资金对城市体检工作给予支持。各省（自治区）住房城乡建设部门要加大城市体检工作培训力度，加强全过程跟踪指导和工作督导，把是否达到问题查找精准、问题整治到位、更新成效显著等作为工作质量评判标准，定期通报工作进展。城市体检报告经城市政府同意后，由省（自治区）住房城乡建设部门汇总并形成综合报告后于每年9月底前报送我部。直辖市城市体检报告经直辖市政府同意后由城市体检工作主管部门于每年9月底前报送我部。

（二）强化监测评价。各省（自治区）住房城乡建设部门要把城市体检作为对城市人居环境质量改善状况和宜居、韧性、智慧城市建设成效进行考核评价的重要依据，建立监测评价机制，针对存在的问题提出改进要求并督促解决。我部将指导各省（自治区）综合考虑规模、区位、功能等因素选取具有代表性的样本城市，对城市体检工作开展情况和问题解决情况进行评估，对城市建设发展状况和水平进行评价，找出共性问题并提出政策措施建议，完善城市体检评估机制。

（三）加快专业队伍建设。各地要加大城市体检专业团队和专业人员的培养力度，遴选第三方专业团队承担城市体检工作。第三方专业团队应当配有建筑、结构、市政、规划、地理、经济等方面的专业技术人员，熟练掌握和应用城市体检工作方法，且长期服务于城市规划、建设、管理工作。住房城乡建设部将遴选并公布一批业务水平高、综合能力强、实践经验丰富的城市体检专业团队，为地方工作提供支撑。

（四）动员公众参与。各地要加大城市体检工作宣传力度，通过主流媒体、网络、新媒体平台等对城市体检工作进行政策解读和宣传，让人民群众关心了解城市体检工作，引导公众积极参与。要采取多种方式畅通公众参与城市体检工作的渠道，倾听群众声音，了解群众诉求，及时回应群众关切，落实"人民城市人民建、人民城市为人民"的理念，营造全社会支持参与城市体检工作的良好氛围。

住房城乡建设部

2023 年 11 月 29 日

（2）政策解读：（安徽"六安市城市管理行政执法局"发布）

住房城乡建设部日前印发《关于全面开展城市体检工作的指导意见》，在全国地级及以上城市全面部署开展城市体检工作。

指导意见要求，各地把城市体检作为统筹城市规划、建设、管理工作的重要抓手，坚持问题导向，从住房到小区（社区）、街区、城区（城市），找出群众反映强烈的难点、堵点、痛点问题；坚持目标导向，查找影响城市竞争力、承载力、可持续发展的短板弱项；强化成果应用，把城市体检发现的问题作为城市更新的重点，建立健全"发现问题—解决问题—巩固提升"的工作机制。

指导意见部署了 5 项重点任务：一是指导各地在开展城市体检工作中，坚持城市政府主导，建立城市住房城乡建设部门牵头，各相关部门、区、街道和社区共同参与，第三方专业团队负责的工作机制。二是围绕住房、小区（社区）、街区、城区（城市），建立城市体检基础指标体系，地方各级住房城乡建设部门要结合本地实际，增加特色指标，细化每项指标的体检内容、获取方式、评价标准、体检周期等，做到可量化、可感知、可评价。三是深入查找问题短板，建立问题台账。在住房、小区（社区）体检中，摸清房屋使用中存在的安全隐患，找准养老、托育、停车、充电等设施缺口以及小区环境、管理方面的问题。在街区体检中，查找公共服务设施缺口以及街道环境整治、更新改造方面的问题。在城区（城市）体检中，综合评价城市生命体征状况和建设发展质量，找准短板弱项。四是将体检发现的问题分为限时解决和尽力解决两类，提出问题清单和整治建议清单，形成城市体检报告，报经市政府同意后分解落实到各区政府、各有关部门。依据城市体检报告，制定城市更新规划和年度实施计划，一体化推进城市体检和城市更新工作。还要将上一年度体检问题纳入本年度体检工作中，持续推进问题解决。五是搭建城市体检数据库，加快建设城市体检信息平台。发挥信息平台在数据分析、监测评估等方面的作用，实现对问题整治情况动态监测、对城市更新成效定期评估、对城市体检工作指挥调度。

指导意见要求，地方加强组织领导、强化监测评价、加快专业队伍建设、动员公众参与，落实"人民城市人民建、人民城市为人民"的理念，营造全社会支持参与城市体检工作的良好氛围。

7. 住房城乡建设部等部门印发《关于扎实推进2023年城镇老旧小区改造工作的通知》

住房城乡建设部等部门印发《关于扎实推进
2023年城镇老旧小区改造工作的通知》

为深入贯彻党中央有关决策部署,落实2023年《政府工作报告》要求,近日,住房城乡建设部、国家发展改革委、工业和信息化部、财政部、市场监管总局、体育总局、国家能源局印发《关于扎实推进2023年城镇老旧小区改造工作的通知》(建办城〔2023〕26号),部署各地扎实推进城镇老旧小区改造计划实施,靠前谋划2024年改造计划。通知主要内容如下:

一、总体要求

以习近平新时代中国特色社会主义思想为指导,全面贯彻落实党的二十大精神,落实中央经济工作会议精神,坚持稳中求进工作总基调,完整、准确、全面贯彻新发展理念,牢牢抓住让人民群众安居这个基点,以努力让人民群众住上更好房子为目标,从好房子到好小区,从好小区到好社区,从好社区到好城区,聚焦为民、便民、安民,持续推进城镇老旧小区改造,精准补短板、强弱项,加快消除住房和小区安全隐患,全面提升城镇老旧小区和社区居住环境、设施条件和服务功能,推动建设安全健康、设施完善、管理有序的完整社区,不断增强人民群众获得感、幸福感、安全感。

二、有序推进城镇老旧小区改造计划实施

(一)扎实抓好"楼道革命""环境革命""管理革命"等3个重点。坚持以问题为导向、向群众身边延伸、在"实"上下功夫,对拟改造的城镇老旧小区开展全面体检,找准安全隐患和设施、服务短板。依据体检结果和居民意愿,按照可感知、可量化、可评价的工作标准,聚焦"楼道革命""环境革命""管理革命","一小区一对策"合理确定改造内容、改造方案和建设标准,切实解决群众反映强烈的难点、堵点、痛点问题。

扎实推进"楼道革命"。加快更新改造老化和有隐患的燃气、供水、供热、排水、供电、通信等管线管道,整治楼栋内人行走道、排风烟道、通风井道、上下小道等,开展住宅外墙安全整治。大力推进有条件的楼栋加装电梯。重点推进既有建筑节能改造,根据气候区特点,可选择外墙屋面保温隔热改造、更换外窗、增设遮阳等措施。

深入推进"环境革命"。全面整治小区及其周边的绿化、照明等环境。依据需求增设停车库(场)、电动自行车及汽车充电设施,改造或建设小区及周边适老化和适儿化设施、无障碍设施、安防、智能信包箱及快件箱、公共卫生、教育、文化休闲、体育健身、物业用房等配套设施,统筹推进"国球进社区"活动。大力推进养老、托育、助餐、家政、便民市场、邮政快递末端综合服务站等社区专项服务设施改造建设,丰富社区服务供给。

有效实施"管理革命"。结合改造同步建立健全基层党组织领导,社区居民委员会配合,业主委员会、物业服务企业等共同参与的联席会议机制,引导居民协商确定改造后小区的管理模式、管理规约及业主议事规则,共同维护改造成果。积极引导有条件的小区引入专业化物业服务企业,完善住宅专项维修资金使用续筹等机制,促进小区改造后维护更新进入良性轨道。

(二)着力消除安全隐患。坚守安全底线,把安全发展理念贯穿城镇老旧小区改造各环节和全过程。要采取分包到片、责任到人等方式,组织管线单位、专业技术人员等对老旧小区安全状况进行体检评估,以消防设施和建筑物屋面、外墙、楼梯等公共部位,以及供水、排水、供电、弱电、供气、供热各类管道管线等为重点,全面查明老旧小区可能存在的安全隐患。对发现的安全隐患,要分门别类确定安全管控和隐患整治方案,并作为优先改造内容加快实施整改,确保老化和有安全隐患的设施、部件应改尽改,指导有关技术机构做好检验技术支撑，加快消除群众身边安全隐患。

加强安全宣传教育，开展小区党组织引领下的多种形式基层协商，提高居民安全意识，形成改造共识，因势利导将更换燃气用户橡胶软管、加装用户端燃气安全装置、维修更换居民户内燃气及供排水等老化管道纳入城镇老旧小区改造方案，引导居民做好配合施工、共同维护改造效果等工作。立足当地实际，完善公共区域及户内老化管道等安全隐患排查整改资金由专业经营单位、政府、居民合理共担机制，城镇老旧小区改造中央补助资金和地方财政资金可予积极支持。

压实参建各方工程质量安全主体责任，强化施工现场管理。采取针对性措施，精准消除各类施工安全隐患，有效防范遏制高处坠落、物体打击、起重机械伤害、施工机具伤害、有限空间作业窒息等安全生产事故发生。优化场地布置，合理安排施工时序，严格管控施工车辆，最大限度减小对居民生活的影响。充分发挥社会监督作用，畅通投诉举报渠道，坚决打击偷工减料、施工质量不达标等损害群众利益行为。

（三）加强"一老一小"等适老化及适儿化改造。积极应对人口老龄化，顺应居民美好生活需要，结合改造因地制宜推进小区活动场地、绿地、道路等公共空间和配套设施的适老化、适儿化改造，加强老旧小区无障碍环境建设；推进相邻小区及周边地区联动改造，统筹建设养老、托育、助餐等社区服务设施，完善老旧小区"一老一小"服务功能。在有条件的地方，按照人均用地不低于0.1平方米的标准配建或设置养老服务设施用房。

落实学习贯彻习近平新时代中国特色社会主义思想主题教育有关部署，将"积极推动有条件的既有住宅加装电梯"作为住房和城乡建设部2023年度为群众办实事重点项目，重点指导各地解决老旧小区"加装电梯难"仍较为突出，与积极应对人口老龄化要求和人民群众需求还有差距的问题。统筹需要与可能，积极推进既有住宅加装电梯工作。要全面摸清住宅楼栋基本信息，从建筑结构安全、空间条件和居民意愿等方面，开展加装电梯可行性评估，确定适合加装、较难加装、不适合加装的楼栋底数。对适合加装电梯的楼栋，要耐心细致开展群众工作，引导居民共同商定加装电梯设计施工、资金分担、后续管理维护方案，保障群众的知情权、参与权和监督权，确保电梯不仅能够装得上、而且能够长久稳定运行，避免电梯因无使用管理、无维护保养产生安全管理、运行维护等问题。积极创造条件、努力采取平层入户方式加装电梯、实现无障碍通行。各地应当积极探索通过基层协商、纠纷调解、民事诉讼等方式，依法破解居民协商过程中"一票否决"难题。对群众有意愿、具备加装条件，但居民暂未形成加装共识的，可结合改造先期完成管线迁改、底坑施工等工作，降低将来条件成熟时加装电梯时的成本。要坚持成熟一个单元、加装一台电梯的思路，统筹推进群众工作、建筑结构安全性评估与验收、电梯产品和施工方案比选、后续运行方案确定等工作，确保加装后电梯运行安全、楼栋结构安全。

鼓励有条件的地方搭建政企合作平台，引导有资质、有信誉、口碑好的电梯企业研发推出成本适当、安全可靠，适应既有住宅加装需要的电梯产品和技术，并主动提供电梯加装报批、施工及运维服务；鼓励组织集中带量采购电梯设备，为居民争取价格优惠、优质售后服务和质量保障。

（四）开展"十四五"规划实施情况中期评估。加强组织领导，创新方式方法，聚焦需改造、已开工改造、完成改造的小区和户数等主要目标指标，扎实做好城镇老旧小区改造"十四五"规划实施中期评估各项工作。全面总结目标任务进展和改造成效，做好定性评价与定量分析，客观反映规划实施情况，统筹研究2025年以后存量住房改造提升工作；要将人民群众的切身体会作为重要评价标准，广泛听取社会各方面的意见建议，实事求是评价改造成效。坚持目标导向与问题导向相结合，既要从本地区"十四五"城镇老旧小区改造规划目标任务倒推，明确2024年、2025年工作任务，又要对照工作任务和进度要求,查找分析面临的突出难题,提出破解难题的路径和方法、确保目标实现的对策建议。

三、合理安排2024年城镇老旧小区改造计划

(一)明确改造对象范围。大力改造提升建成年代较早、失养失修失管、设施短板明显、居民改造意愿强烈的住宅小区(含单栋住宅楼),重点改造2000年底前建成需改造的城镇老旧小区。鼓励合理拓展改造实施单元,根据推进相邻小区及周边地区联动改造需要,在确保可如期完成2000年底前建成需改造老旧小区改造任务的前提下,可结合地方财政承受能力将建成于2000年底后、2005年底前的住宅小区纳入改造范围。国有企事业单位和军队所属老旧小区、移交政府安置的军队离退休干部住宅小区,按照属地原则一并纳入地方改造规划计划。

(二)加强相关工作和计划统筹衔接。按照"实施一批、谋划一批、储备一批"原则,尽快自下而上研究确定2024年改造计划,于2023年启动居民意愿征询、项目立项审批、改造资金筹措等前期工作,鼓励具备条件的项目提前至2023年开工实施。统筹养老、托育、教育、卫生、体育及供水、排水、供气、供热、电力、通信等方面涉及城镇老旧小区的设施增设或改造项目,做到计划有效衔接、资金统筹使用、同步推进实施。各地将2024年城镇老旧小区改造计划,提供给本级有关部门、相关专业经营单位。鼓励有条件的地方研究建立住宅小区"体检查找问题、改造解决问题"机制,探索建立房屋养老金和保险制度,解决"钱从哪里来"问题,形成住宅小区改造建设长效机制。

(三)上报改造计划。各省级住房和城乡建设部门要会同发展改革、财政等有关部门,组织市、县自下而上研究提出本地区2024年城镇老旧小区改造计划任务。各地应对城镇老旧小区改造计划任务是否符合党中央、国务院决策部署,是否在当地财政承受能力、组织实施能力范围之内,是否符合群众意愿等负责,坚决防止盲目举债铺摊

子、增加政府隐性债务。

四、加强组织保障

（一）压实工作责任。各省级住房和城乡建设部门要会同发展改革、财政等有关部门指导市、县通过划分水电气热信等管线设施改造中政府与管线单位出资责任、吸引社会力量出资参与、争取信贷支持、加快地方政府专项债券发行使用、动员居民出资等渠道，强化城镇老旧小区改造资金保障。市、县要形成2023年改造计划项目清单，明确项目所属街道或社区书记作为改造联系群众第一责任人，联系人名单、联系方式、改造内容等信息向小区居民公示，运用线上线下手段，广泛征集、及时回应群众诉求，进一步提高群众工作覆盖面和效率。各省级住房和城乡建设部门认真落实全国城镇老旧小区改造统计调查制度相关要求，组织市、县及时准确报送改造进展情况，避免漏统、漏报。加快2021、2022年续建项目建设，力争早日竣工。

（二）加强经验总结。各省级住房和城乡建设部门应结合工作实际，从2023年新开工项目中，综合考虑地方积极性高、工作机制完善、"楼道革命""环境革命""管理革命"可取得积极成效等因素，再自下而上遴选一批城镇老旧小区改造联系点，采取专家帮扶、定期交流进展、总结推广经验等方式加强指导，共同研究破解群众急难愁盼问题，打造一批城镇老旧小区改造示范项目。住房和城乡建设部将择优确定部分为部级联系点，并加强联系指导。

（三）做好宣传工作。各省级住房和城乡建设部门要加大对市、县好经验好做法、取得成效、典型案例等的总结宣传力度，通过发布宣传视频、组织专题报道、评选优秀设计方案等群众喜闻乐见方式，持续强化对优秀项目、典型案例的宣传，多角度、全方位宣传推广工作进展及成效，力争本地区形成全年不间断的宣传热潮。准确解读城镇老旧小区改造政策，增强居民主体意识，凝聚改造共识，动员居民及社会力量等各方共同参与城镇老旧小区改造工作，营造良好社会氛围。

8.《城市社区嵌入式服务设施建设工程实施方案》

（1）政策原文：

城市社区嵌入式服务设施建设工程实施方案

国家发展改革委

社区是城市公共服务和城市治理的基本单元，实施城市社区嵌入式服务设施建设工程，在城市社区（小区）公共空间嵌入功能性设施和适配性服务，有利于推动优质普惠公共服务下基层、进社区，更好满足人民群众对美好生活的向往。按照党中央、国务院决策部署，现就扎实推进城市社区嵌入式服务设施建设工程制定如下实施方案。

一、总体要求

以习近平新时代中国特色社会主义思想为指导，深入贯彻党的二十大精神，坚持稳中求进工作总基调，完整、准确、全面贯彻新发展理念，着力推动高质量发展，坚持以人民为中心的发展思想，坚持人民城市人民建、人民城市为人民，以务实、可及为导向，聚焦创造高品质生活，推动城市公共服务设施有机嵌入社区、公共服务项目延伸覆盖社区，努力把社区建设成为人民群众的幸福家园，不断增强人民群众获得感、幸福感、安全感。

——保障基本、优质普惠。社区嵌入式服务设施面向社区居民提供养老托育、社区助餐、家政便民、健康服务、体育健身、文化休闲、儿童游憩等一种或多种服务。按照精准化、规模化、市场化原则，优先和重点提供急需紧缺服务，确保便捷可及、价格可承受、质量有保障，逐步补齐其他服务。

——分类施策，有序推进。根据不同城市类型和社区特点精准施策，坚持宜建则建、宜改则改，以城市为单位整体谋划，以街道或社区为单元推进，统筹规划、建设、服务、管理，尽力而为、量力而行，合力推进共建共享，持续提升服务水平。

——鼓励创新，试点先行。尊重基层首创精神，压实地方政府组织实施、资金投入、建设管理主体责任，中央政府加强统筹推动和支持引导，鼓励各地先行先试、改革探索，充分发挥政策激励和典型示范作用。

——健全机制，持续发展。坚持有效市场和有为政府更好结合，统筹调动社会资源，健全优质普惠公共服务向社区延伸下沉的体制机制，积极探索构建公建民营、民办公助等多样化建设运营模式，有效盘活利用城市存量资源，实现社区嵌入式服务可持续发展。

城市社区嵌入式服务设施建设工程实施范围覆盖各类城市，优先在城区常住人口超过100万人的大城市推进建设。综合考虑人口分布、工作基础、财力水平等因素，选择50个左右城市开展试点，每个试点城市选择100个左右社区作为社区嵌入式服务设施建设先行试点项目。到2027年，在总结试点形成的经验做法和有效建设模式基础上，向其他各类城市和更多社区稳妥有序推开，逐步实现居民就近就便享有优质普惠公共服务。

二、规范建设要求

（一）科学规划合理布局社区服务设施。根据城市人口分布及结构变化等，围绕幼有所育、学有所教、劳有所得、病有所医、老有所养、住有所居、弱有所扶，重点面向社区居民适宜步行范围内的服务需求，优化设施规划布局，完善社区服务体系，把更多资源、服务和管理放到社区，布局建设家门口的社区嵌入式服务设施。落实每百户居民拥有社区综合服务设施面积平均不少于30平方米要求，支持有条件的城市达到不少于80平方米。社区嵌入式服务综合体（社区服务中心）建筑面积标准由城市结合实际因地制宜设置，面积纳入社区综合服务设施统计范围。

（二）加大资源整合和集约建设力度。在完善社区基本公共服务设施基础上，通过改造和新建相结合，大力推进规模适度、经济适用、服务高效的社区嵌入式服务设施建设。重点推广和优先建设（改造）功能复合集成的社区嵌入式服务综合体（社区服务中心），为居民提供一站式服务。暂不具备条件的社区可"插花"式分散建设功能相对单一的嵌入式服务设施。支持以片区统筹、综合开发模式推进社区嵌入式服务设施建设。

（三）多渠道拓展设施建设场地空间。按照"补改一批、转型一批、划转一批、配建一批"原则，推动各地开展社区嵌入式服务设施建设场地空间拓展攻坚行动。通过拆除、腾退老旧小区现有空间，整合社区用房、产权置换、征收改建等方式，补建改建一批居民急需的社区嵌入式服务设施。鼓励引导产权人充分利用现有房屋场地，将符合条件的场所优先转为社区嵌入式服务设施。允许地方政府结合实际，在保持所有权不变前提下，按规定履行相关国有资产管理程序后，将国有房产提供给社区发展嵌入式服务。新建社区要按照"同步规划、同步建设、同步验收、同步交付"原则，加强配套社区嵌入式服务设施建设。

（四）完善社区嵌入式服务设施功能配置。发挥责任规划师（社区规划师）沟通桥梁作用，广泛征求居民意见和诉求，鼓励居民和各类社会力量积极参与项目设计，按需精准嵌入服务设施，按照可拓展、可转换、能兼容要求科学配置服务功能，避免"一刀切"。鼓励服务设施综合设置、复合利用、错时使用。推进社区嵌入式服务设施规范化设计，打造"幸福邻里"品牌。统筹谋划推进设施建设和服务嵌入，试点城市要科学设置服务场景，优先保障设置婴幼儿托位、具有短期托养功能的护理型养老床位的必要空间，避免以行政办公功能替代为民服务功能。

（五）积极推进社会存量资源改造利用。大力优化整合社区配套建设用房等公共空间，清理非必要、不合理用途，腾退资源优先用于发展社区嵌入式服务。加快社区周边闲置厂房、仓库、集体房屋、商业设施等社会存量资源出租转让，用好城市"金角银边"，对不符合城市发展方向、闲置低效、失修失养的园区、楼宇、学校、房产及土地进行盘活和改造开发，可按照相关规定用于发展社区嵌入式服务。支持引导机关、企事业单位等盘活闲置用地用房、向周边社区开放职工食堂等，实现共建共享。

（六）健全可持续的建设运营模式。注重发挥市场机制作用和规模效应，根据居民需求、市场供给和财政能力，科学选择合理可持续的服务模式。通过市场化择优、委托经营等方式，向服务运营主体提供低成本设施建设场地空间。服务运营主体要根据服务成本、合理利润等提供价格普惠的社区服务以及其他公益性服务。探索专业性机构连锁化、托管式运营社区嵌入式服务设施，构建"街道—社区—小区"服务体系。鼓励事业单位、社会组织、志愿团队等多元主体参与运营。引导社区物业、家政公司提供普惠社区服务。

（七）增加高质量社区服务供给。依托城市社区嵌入式服务设施建设工程，同步实施城市社区美好生活建设行动。支持各地在养老托育、社区助餐、家政便民等领域积极建设培育一批服务优、重诚信、能带动的"领跑者"企业和服务品牌，在社区嵌入式服务相关培训、示范等方面更好发挥作用。积极培育社区综合服务和专项服务运营主体。加快数字化赋能，提升社区嵌入式服务信息化水平，推动线上线下社区服务融合发展。

三、强化配套支持

（八）统筹建设资金渠道。通过统筹中央预算内投资、地方财政投入、社会力量投入等积极拓宽资金来源。结合实施城镇老旧小区改造，加大对社区嵌入式服务设施建设的支持力度，中央预算内投资对相关项目优先纳入、应保尽保。通过积极应对人口老龄化工程和托育建设中央预算内投资专项对先行试点项目予以引导支持，集中打造一批典型示范。将符合条件的社区嵌入式服务设施建设项目纳入地方政府专项债券支持范围。发挥各类金融机构作用，按照市场化原则为符合条件的社区嵌入式服务设施建设项目提供支持。鼓励银行业金融机构在政策范围内对符合普惠养老专项再贷款、支小再贷款条件的社区嵌入式服务设施建设项目和服务运营主体予以支持。

（九）优化项目审批和服务企业登记备案手续。国家发展改革委组织制定城市社区嵌入式服务设施建设导则（试行），指导各地组织开展项目建设。社区嵌入式服务设施在选址布局时要做好安全评估和安全设施配套建设等工作，允许试点城市经科学评估论证，在坚决守住安全底线前提下，结合实际放宽或简化设施场地面积等要求，探索制定地方建设标准。各地可结合实际加强统筹指导，鼓励以城区、街道等行政区域为单位整合辖区内项目，统一开展前期工作。完善社区嵌入式服务机构的行业准入准营政策，简化相关许可审批办理环节、明确办理时限并向社会公布，鼓励各地推广实施"一照多址"措施，为经营主体依法提供便利、规范的登记、许可和备案服务。

（十）加强规划、建设、用地等政策支持。各地在编制城市国土空间总体规划和详细规划、推进城乡社区服务体系建设时要统筹考虑社区嵌入式服务设施建设需求。结合城镇老旧小区改造、完整社区建设试点、社区生活圈构建、城市一刻钟便民生活圈建设等，合理配置社区嵌入式服务设施公共服务用地。在符合国土空间详细规划前提下，试点城市可结合实际对老旧小区补建社区嵌入式服务设施适当放宽规划条件要求。政府建设的社区嵌入式服务设施作为非营利性公共服务设施，允许5年内不变更原有土地用途。鼓励未充分利用的用地更新复合利用，允许同一街区内地块拆分合并、优化土地流转。经县级以上地方人民政府批准，对利用存量建筑改造建设社区嵌入式服务设施的，可享受5年内不改变用地主体和规划条件的支持政策。在确保消防安全前提下，允许县级以上地方人民政府因地制宜探索优化办理社区嵌入式服务设施消防验收备案手续。

四、组织实施保障

（十一）加强组织实施。坚持和加强党的全面领导，在党中央集中统一领导下，建立部门协调、省市抓落实的工作机制，强化统筹协调和政策保障。国家发展改革委、住房城乡建设部、自然资源部要完善社区嵌入式服务设施建设相关制度规范、政策措施，加强统筹协调和评估督导。教育部、民政部、文化和旅游部、国家卫生健康委、体育总局等有关部门要加强指导监督，有力有序有效推动服务质量提升和规范安全发展。重大事项及时请示报告。

（十二）压实地方责任。省级人民政府要强化对本地区社区嵌入式服务设施建设的指导督促。试点城市要落实主体责任，健全组织领导和推进机制，稳妥有序把握节奏、步骤，细化具体建设方案和工作举措，统筹中央相关转移支付资金和自有财力加大支持力度，强化过程管理，加强监测评估，及时研究新情况、解决新问题，切实推动目标任务落地见效。

（十三）营造良好发展环境。总结试点经验并组织开展交流互鉴，推动具有示范效应的建设模式和改革举措及时在全国范围内复制推广。加强对社区嵌入式服务设施建设实际意义、实践要求、工作成效等方面政策解读和宣传引导，及时回应关切，营造全社会共同支持和参与建设的良好氛围。

（2）政策解读：（国家发展改革委网站）

一、总体要求

以习近平新时代中国特色社会主义思想为指导，深入贯彻党的二十大精神，坚持稳中求进工作总基调，完整、准确、全面贯彻新发展理念，着力推动高质量发展，坚持以人民为中心的发展思想，坚持人民城市人民建、人民城市为人民，以务实、可及为导向，聚焦创造高品质生活，推动城市公共服务设施有机嵌入社区、公共服务项目延伸覆盖社区，努力把社区建设成为人民群众的幸福家园不断增强人民群众获得感、幸福感、安全感。

保障基本、优质普惠。分类施策，有序推进。鼓励创新，试点先行。健全机制，持续发展。

二、实施范围与目标

工程实施范围覆盖各类城市，优先在城区常住人口超过 100 万人的大城市推进建设。综合考虑人口分布、工作基础、财力水平等因素，选择 50 个左右城市开展试点，每个试点城市选择 100 个左右社区作为城市社区嵌入式服务设施建设先行试点项目。

到 2027 年，在总结试点形成的经验做法和有效建设模式基础上，向其他各类城市和更多社区稳妥有序推开，逐步实现居民就近就便享有优质普惠公共服务。

三、规范建设要求

科学规划合理布局社区服务设施

加大资源整合和集约建设力度

多渠道拓展设施建设场地空间

完善社区嵌入式服务设施功能配置

积极推进社会存量资源改造利用

健全可持续的建设运营模式

增加高质量社区服务供给

四、强化配套支持

统筹建设资金渠道

优化项目审批和服务企业登记备案手续

加强规划、建设、用地等政策支持

五、组织实施保障

加强组织实施

压实地方责任

营造良好发展环境

（二）北京市层面——主要政策

城市更新的动力来自于政策的创新，通过释放政策红利赋予更新动力，有效推动城市更新。北京作为全国第一批开展城市更新工作的试点城市，通过逐渐完善的城市更新政策体系，引导城市更新项目合法合规执行。2021年发布《北京市人民政府关于实施城市更新行动的指导意见》，明确北京市城市更新的六大类型及确定实施主体；随后公布《北京市城市更新行动计划（2021—2025年）》，进一步确定了"十四五"时期北京将以"功能完善、提质增效、民生改善、严控大拆大建"为原则进行城市更新。随后北京深入制定减量背景下的城市更新激励政策，2023年3月1日起正式施行《北京市城市更新条例》，是对北京现行的行动计划、专项规划、指导意见等政策文件通过法规形式进一步的明确，为北京的城市更新工作提供法治保障。2024年3月出台的《北京市城市更新实施单元统筹主体确定管理办法（试行）》旨在规范北京市城市更新实施单元统筹主体确定方式和程序，加大对统筹主体政策支持力度。同一时间出台的还有《北京市城市更新专家委员会管理办法》，是北京市创新性政策，旨在更好地服务北京市城市更新工作的复杂多样化需求，充分发挥专家在城市更新行动中的技术支持与智力支撑作用，提升政府决策的科学性和权威性。

1.《北京市人民政府关于实施城市更新行动的指导意见》

(1)政策原文：

北京市人民政府关于实施城市更新行动的指导意见

京政发〔2021〕10号

各区人民政府，市政府各委、办、局，各市属机构：

实施城市更新行动，转变城市开发建设方式和经济增长方式，对提升城市品质、满足人民群众美好生活需要、推动城市高质量发展具有重要意义。为统筹推进城市更新，现提出以下意见。

一、总体要求

（一）指导思想

以习近平新时代中国特色社会主义思想为指导，全面贯彻党的十九大和十九届二中、三中、四中、五中全会精神，深入贯彻习近平总书记对北京重要讲话精神，坚持以人民为中心，坚持新发展理念，按照党中央、国务院决策部署，以《北京城市总体规划（2016年—2035年）》为统领，落实北京市国民经济和社会发展第十四个五年规划和二〇三五年远景目标的建议，统筹推进城市更新，进一步完善城市功能、改善人居环境、传承历史文化、促进绿色低碳、激发城市活力，促进首都经济社会可持续发展，努力建设国际一流的和谐宜居之都。

（二）基本原则

城市更新主要是指对城市建成区（规划基本实现地区）城市空间形态和城市功能的持续完善和优化调整，是小规模、渐进式、可持续的更新。城市更新应坚持以下原则：

1. 规划引领，民生优先。认真落实《北京城市总体规划（2016年—2035年）》，将城市更新纳入经济社会发展规划、国土空间规划统筹实施，做到严控总量、分区统筹、增减平衡。从人民群众最关心最直接最现实的利益问题出发，通过城市更新完善功能，补齐短板，保障和改善民生。

2. 政府推动，市场运作。强化政府主导作用，加强规划管控，完善政策机制，做好服务保障。充分发挥市场作用，鼓励和引导市场主体参与城市更新，形成多元化更新模式。

3. 公众参与，共建共享。充分调动公众和社会组织参与城市更新的积极性、主动性，建立平等协商机制，共同推进城市更新，实现决策共谋、发展共建、建设共管、成果共享。

4. 试点先行，有序推进。科学制定城市更新计划，突出重点，统筹安排，稳步推进。聚焦瓶颈问题，大胆改革创新，积极探索城市更新的新模式、新路径，形成成熟经验逐步推广。

二、强化规划引领

（一）圈层引导

首都功能核心区以保护更新为主，中心城区以减量提质更新为主，城市副中心和平原地区的新城结合城市更新承接中心城区功能疏解，生态涵养区结合城市更新适度承接与绿色生态发展相适应的城市功能。

（二）街区引导

以街区为单元实施城市更新，依据街区控制性详细规划，科学编制更新地区规划综合实施方案和更新项目实施方案。开展街区综合评估，查找分析街区在城市功能、配套设施、空间品质等方面存在的问题，梳理空间资源，确定更新任务。将空间资源与更新任务相匹配，变一次性指标分配为动态按需调配，集约节约利用空间资源。盘活街区存量建筑，聚焦老旧小区、老旧平房区、老工业区、老商业区、老旧楼宇以及重要大街两侧一定纵深区域，通过现状权属校核和正负面清单引导，鼓励产权人自主更新、社会力量参与更新。以家园中心、社区会客厅等空间为载体，探索市政基础设施、公共服务设施、公共安全设施复合利用模式，围绕"七有""五性"需求，提高居民生活便利性和舒适度，提升公共空间品质。

三、主要更新方式

（一）老旧小区改造

实施老旧小区综合整治改造，根据居民意愿可利用小区现状房屋和公共空间补充便民商业、养老服务等公共服务设施；可利用空地、拆违腾退用地等增加停车位，或设置机械式停车设施等便民设施。鼓励老旧住宅楼加装电梯。

（二）危旧楼房改建

对房屋行政主管部门认定的危旧楼房，允许通过翻建、改建或适当扩建方式进行改造，具备条件的可适当增加建筑规模，实施成套化改造或增加便民服务设施等。鼓励社会资本参与改造，资金由政府、产权单位、居民、社会机构等多主体筹集。居民异地安置或货币安置后腾退的房屋，可作为租赁房等保障房使用。

（三）老旧厂房改造

明确老旧厂房改造利用业态准入标准，在符合规划的前提下，优先发展智能制造、科技创新、文化等产业。鼓励利用老旧厂房发展新型基础设施、现代服务业等国家和本市支持的产业业态；鼓励利用老旧厂房补充公共服务设施。鼓励老工业厂区通过更新改造或用地置换的方式实施规划，增加道路、绿地、广场、应急避难场所等设施。五环路以内和城市副中心的老旧厂房可根据规划和实际需要，补齐城市短板，引入符合要求的产业项目；五环路以外其他区域老旧厂房原则上用于发展高端制造业。

（四）老旧楼宇更新

鼓励老办公楼、老商业设施等老旧楼宇升级改造、调整功能、提升活力，发展新业态。允许老旧楼宇增加消防楼梯、电梯等设施，允许建筑功能混合、用途兼容；鼓励对具备条件的地下空间进行复合利用。

（五）首都功能核心区平房（院落）更新

在符合《北京历史文化名城保护条例》有关规定及历史街区风貌

保护要求和相关技术、标准的前提下，对首都功能核心区平房（院落）进行申请式退租、换租及保护性修缮和恢复性修建，打造共生院，消除安全隐患，保护传统风貌，改善居住条件。腾退空间优先用于保障中央政务功能、服务中央单位、完善地区公共服务设施。同时，鼓励腾退空间用于传统文化展示、体验及特色服务，建设众创空间或发展租赁住房。

（六）其他类型

鼓励对城市公共空间进行改造提升，完善市政基础设施、公共服务设施、公共安全设施，优化提升城市功能。鼓励特色街区、生态街区、智慧街区建设，打造安全、智能、绿色低碳的人居环境。鼓励传统商圈调整产业结构、优化商业业态、创新营销模式、激发消费潜力，有效增加服务消费供给。支持产业园区更新改造，推动产业转型升级、腾笼换鸟，构建高精尖产业结构。促进城市更新与疏解整治促提升专项行动有效衔接，合理利用疏解腾退空间。加快推进城镇棚户区改造收尾工作。

四、组织实施

（一）确定实施主体

城市更新项目产权清晰的，产权单位可作为实施主体，也可以协议、作价出资（入股）等方式委托专业机构作为实施主体；产权关系复杂的，由区政府（含北京经济技术开发区管委会，下同）依法确定实施主体。确定实施主体应充分征询相关权利人或居民意见，做到公开、公平、公正。

（二）编制实施方案

实施主体应在充分摸底调查的基础上，编制更新项目实施方案并征求相关权利人或居民意见。方案中应明确更新范围、内容、方式及建筑规模、使用功能、建设计划、土地取得方式、资金筹措方式、运营管理模式等内容。责任规划师、建筑师应全程参与街区城市更新，加强业务指导，做好技术服务，并对实施方案出具书面意见。

（三）审查决策

更新项目实施方案由区相关行业主管部门牵头进行审查，并经区政府同意后实施。重点地区或重要项目实施更新如涉及首都规划重大事项，要按照有关要求和程序向党中央请示报告。

（四）手续办理

城市更新相关审批手续原则上由区行政主管部门办理，各区政府应结合优化营商环境相关政策，进一步简化审批程序，压缩审批时间，提高审批效率。利用更新改造空间按有关要求从事经营活动的，相关部门可予办理经营许可。

五、配套政策

（一）规划政策

1. 对于符合规划使用性质正面清单，保障居民基本生活、补齐城市短板的更新项目，可根据实际需要适当增加建筑规模。增加的建筑规模不计入街区管控总规模，由各区单独备案统计。

2. 经参与表决专有部分面积四分之三以上的业主且参与表决人数四分之三以上的业主同意，老旧小区现状公共服务设施配套用房可根据实际需求用于市政公用、商业、养老、文化、体育、教育等符合规划使用性质正面清单规定的用途。

3. 在满足相关规范的前提下，可在商业、商务办公建筑内安排文化、体育、教育、医疗、社会福利等功能。

4. 在符合规划使用性质正面清单，确保结构和消防安全的前提下，地下空间平时可综合用于市政公用、交通、公共服务、商业、仓储等用途，战时兼顾人民防空需要。

5. 在按照《北京市居住公共服务设施配置指标》等技术规范进行核算的基础上，满足消防等安全要求并征询相关权利人意见后，部分地块的绿地率、建筑密度、建筑退界和间距、机动车出入口等可按不低于现状水平控制。

（二）土地政策

1. 更新项目可依法以划拨、出让、租赁、作价出资（入股）等方式办理用地手续。代建公共服务设施产权移交政府有关部门或单位的，以划拨方式办理用地手续。经营性设施以协议或其他有偿使用方式办理用地手续。

2. 在符合规划且不改变用地主体的条件下，更新项目发展国家及本市支持的新产业、新业态的，由相关行业主管部门提供证明文件，可享受按原用途、原权利类型使用土地的过渡期政策。过渡期以5年为限，5年期满或转让需办理用地手续的，可按新用途、新权利类型，以协议方式办理用地手续。

3. 用地性质调整需补缴土地价款的，可分期缴纳，首次缴纳比例不低于50%，分期缴纳的最长期限不超过1年。

4. 更新项目采取租赁方式办理用地手续的，土地租金实行年租制，年租金根据有关地价评审规程核定。租赁期满后，可以续租，也可以协议方式办理用地手续。

5. 更新项目不动产登记按照《不动产登记暂行条例》及相关规定办理。

6. 经营性服务设施可按所有权和经营权相分离的方式，经业主同意和区政府认定后，将经营权让渡给相关专业机构。

7. 在不改变更新项目实施方案确定的使用功能前提下，经营性服务设施建设用地使用权可依法转让或出租，也可以建设用地使用权及其地上建筑物、其他附着物所有权等进行抵押融资。抵押权实现后，应保障原有经营活动持续稳定，确保土地不闲置、土地用途不改变、利益相关人权益不受损。

（三）资金政策

1. 城市更新所需经费涉及政府投资的主要由区级财政承担，各区政府应统筹市级相关补助资金支持本区更新项目。

2. 对老旧小区改造、危旧楼房改建、首都功能核心区平房（院落）

申请式退租和修缮等更新项目，市级财政按照有关政策给予支持。

3.对老旧小区市政管线改造、老旧厂房改造等符合条件的更新项目，市政府固定资产投资可按照相应比例给予支持。

4.鼓励市场主体投入资金参与城市更新；鼓励不动产产权人自筹资金用于更新改造；鼓励金融机构创新金融产品，支持城市更新。

六、保障措施

（一）加强组织领导

市委城市工作委员会所属城市更新专项小组负责统筹推进城市更新工作。市有关部门要建立协同联动机制，加强政策创新，深化放管服改革，支持各区推进城市更新工作。各区政府要强化责任落实，制定更新计划，建立任务台账，组织街道（乡镇）将各项任务落实落地落细。建立本市与中央单位联系机制，共同推进城市更新。

（二）抓好业务培训

各区政府、市有关部门和单位要采用集中培训、专题培训等方式，加强对各级各类人员的业务培训，重点对街道（乡镇）及实施主体人员开展培训，做好政策解读和辅导，开拓工作思路，掌握工作方法，提高业务能力和工作水平。

（三）做好宣传引导

通过传统媒体与新媒体相结合、政策解读与案例剖析相结合的方式，全方位、多角度、多渠道开展宣传，及时回应社会关切，为顺利推进城市更新营造良好氛围。

北京市人民政府
2021年5月15日

（2）政策解读：（北京市规划和自然资源委员会北京市人民政府网站）

一、文件出台的背景和目的是什么？

为深入贯彻党的十九届五中全会、中央城市工作会议和市委十二届十五次、十六次全会精神，落实北京城市总体规划，大力实施城市更新行动，完善城市功能，提升城市活力，保障改善民生，促进城市高质量发展，北京市人民政府印发了《北京市人民政府关于实施城市更新行动的指导意见》（京政发〔2021〕10号，简称《指导意见》）。《指导意见》作为本市推进实施城市更新行动的指导性文件，旨在解决体制、机制、政策等问题，为城市更新指明实施路径，提供政策支撑和组织保障。

二、城市更新的内涵是什么？

《指导意见》中所称的城市更新，主要是指对城市建成区（规划基本实现地区）城市空间形态和城市功能的持续完善和优化调整，是小规模、渐进式、可持续的更新。

三、城市更新应遵循的原则有哪些？

一是坚持规划引领，民生优先。城市更新必须以落实城市总体规划、分区规划和控制性详细规划为前提，将城市更新纳入经济社会发展规划、国土空间规划统筹实施，加强规划管控，做到严控总量、分区统筹、增减平衡。从人民群众最关心最直接最现实的利益问题出发，通过城市更新完善功能，补齐短板，保障和改善民生。

二是坚持政府推动，市场运作。强化政府主导作用，加强规划管控，完善政策机制，做好服务保障。充分发挥市场作用，鼓励和引导市场主体参与城市更新，形成多元化更新模式。

三是坚持公众参与，共建共享。充分调动公众和社会组织参与城市更新的积极性、主动性，建立平等协商机制，共同推进城市更新，实现决策共谋、发展共建、建设共管、成果共享。

四是坚持试点先行，有序推进。科学制定城市更新计划，突出重点，统筹安排，稳步推进。聚焦瓶颈问题，大胆改革创新，积极探索城市更新的新模式、新路径，形成成熟经验逐步推广。

四、城市更新的主要方式是什么？

城市更新以街区为单元实施，按照街区功能定位，结合市民群众和市场主体意愿，以项目化方式推进。街区空间更新要按照各空间圈层的更新要求，依据街区控制性详细规划，科学编制更新地区规划综合实施方案和更新项目实施方案。重点是开展街区综合评估，将空间资源与更新任务相匹配，盘活街区存量建筑，探索"三大设施"复合利用模式，围绕"七有""五性"需求，"七有"即"幼有所育、学有所教、劳有所得、病有所医、老有所养、住有所居、弱有所扶"，"五性"即"便利性、宜居性、多样性、公正性、安全性"。提高居民生活便利性和舒适度，提升公共空间品质。主要更新方式包括以下几种：

一是老旧小区改造。根据居民意愿，可利用小区现状房屋和公共空间补充便民商业、养老服务等公共服务设施；可利用空地、拆违腾退用地等增加停车位，或设置机械式停车设施等便民设施。鼓励老旧住宅楼加装电梯。

二是危旧楼房改建。为改善居民居住条件，对房屋行政主管部门认定的危旧楼房，允许通过翻建、改建或适当扩建方式进行改造，具备条件的可适当增加建筑规模，实施成套化改造或增加便民服务设施等。

三是老旧厂房改造。明确老旧厂房改造利用业态准入标准，在符合规划的前提下，优先发展智能制造、科技创新、文化等产业。鼓励利用老旧厂房发展新型基础设施、现代服务业等国家和本市支持的产业业态；鼓励利用老旧厂房补充公共服务设施。鼓励老工业厂区通过更新改造或用地置换的方式实施规划，增加道路、绿地、广场、应急避难场所等设施。

四是老旧楼宇更新。鼓励老办公楼、老商业设施等老旧楼宇升级改造、调整功能、提升活力，发展新业态。允许老旧楼宇增加消防楼梯、电梯等设施，允许建筑功能混合、用途兼容；鼓励对具备条件的地下空间进行复合利用。

五是首都功能核心区平房（院落）更新。在符合本市相关法规及相关技术、标准前提下，鼓励对首都功能核心区平房（院落）进行申请式退租、换租及保护性修缮和恢复性修建，打造共生院，消除安全隐患，保护传统风貌，改善居住条件。腾退空间优先用于保障中央政务功能、服务中央单位、完善地区公共服务设施。同时，鼓励腾退空间用于传统文化展示、体验及特色服务，建设众创空间或发展租赁住房。

六是其他类型。包括城市公共空间改造提升、"三大设施"补充完善、特色街区建设、传统商圈调整升级、产业园区更新改造、疏解腾退空间再利用，以及推进城镇棚户区改造收尾等。

五、城市更新项目如何组织实施？

一是确定实施主体。按照公开、公平、公正的原则，在充分征询相关权利人或居民意见基础上，合理确定更新项目实施主体。城市更新项目产权清晰的，产权单位可作为实施主体，也可以协议、作价出资（入股）等方式委托专业机构作为实施主体；产权关系复杂的，由区政府依法确定实施主体。

二是编制实施方案。实施主体应在充分摸底调查的基础上，编制更新项目实施方案并征求相关权利人或居民意见。方案中应明确更新范围、内容、方式及建筑规模、使用功能、建设计划、土地取得方式、资金筹措方式、运营管理模式等内容。责任规划师、建筑师应全程参与街区城市更新，加强业务指导，做好技术服务，并对实施方案出具书面意见。

三是进行审查决策。对于一般性的更新项目，实施方案由区相关行业主管部门牵头进行审查，经区政府同意后实施。重点地区或重要项目实施更新如涉及首都规划重大事项，要按照有关要求和程序向党中央请示报告。

四是审批手续办理。城市更新相关审批手续原则上由区行政主管部门办理，各区政府应结合优化营商环境相关政策，进一步简化审批程序，压缩审批时间，提高审批效率。

六、对城市更新项目的支持政策有哪些？

1. 规划政策。一是对于符合规划使用性质正面清单，保障居民基本生活、补齐城市短板的更新项目，可根据实际需要适当增加建筑规模。二是在满足相关规范和安全的前提下，允许规划使用性质兼容转换。老旧小区现状公共服务设施配套用房可根据实际需求用于市政公用、商业、养老、文化、体育、教育等符合规划使用性质正面清单规定的用途；商业、商务办公建筑内可安排文化、体育、教育、医疗、社会福利等功能；地下空间平时可综合用于市政公用、交通、公共服务、商业、仓储等用途，战时兼顾人民防空需要。

2. 土地政策。一是完善土地利用方式，更新项目可依法以划拨、出让、租赁、作价出资（入股）等多种方式办理用地手续，并对5年过渡期政策、土地价款分期缴纳、以租赁方式用地等情形进行明确。二是在不改变更新项目实施方案确定的使用功能前提下，经营性服务设施建设用地使用权可依法转让或出租，也可以建设用地使用权及其地上建筑物、其他附着物所有权等进行抵押融资。

3. 资金政策。一是各区可统筹区级财政资金、市政府固定资产投资资金、市级相关补助资金支持更新项目。二是鼓励市场主体、不动产产权人投入资金参与城市更新。三是鼓励金融机构创新金融产品，支持城市更新。

4. 经营利用。一是利用更新改造空间按有关要求从事经营活动的，相关部门可予办理经营许可。经营性服务设施可按所有权和经营权相分离的方式，经业主同意和区政府认定后，将经营权让渡给相关专业机构。

七、实施城市更新的保障措施有哪些？

一是加强组织领导。市委城市工作委员会所属城市更新专项小组负责统筹推进城市更新工作。市有关部门要建立协同联动机制，加强政策创新，深化放管服改革，支持各区推进城市更新工作。各区政府要强化责任落实，制定更新计划，建立任务台账，组织街道（乡镇）将各项任务落实落地落细。建立本市与中央单位联系机制，共同推进城市更新。

二是加强业务培训。各区政府、市有关部门和单位要采用集中培训、专题培训等方式，加强对各级各类人员的业务培训，重点对街道（乡镇）及实施主体人员开展培训，做好政策解读和辅导，开拓工作思路，掌握工作方法，提高业务能力和工作水平。

三是加强宣传引导。通过传统媒体与新媒体相结合、政策解读与案例剖析相结合的方式，全方位、多角度、多渠道开展宣传，及时回应社会关切，为顺利推进城市更新营造良好氛围。

2.《北京市城市更新行动计划（2021—2025年）》

（1）政策原文：

中共北京市委办公厅　北京市人民政府办公厅关于印发《北京市城市更新行动计划（2021—2025年）》的通知

各区委、区政府，市委各部委办，市各国家机关，各国有企业，各人民团体，各高等院校：

经市委、市政府同意，现将《北京市城市更新行动计划（2021—2025年）》印发给你们，请结合实际认真贯彻落实。

中共北京市委办公厅
北京市人民政府办公厅
2021年8月21日

因篇幅有限，本条政策内容可至中华人民共和国中央人民政府门户网站查询。

（2）政策解读：（官方）

探索城市系统更新是首都北京实现高质量发展的重要路径。《北京市城市更新行动计划（2021—2025年）》日前正式发布，明确了未来五年北京城市更新的目标和方向。

行动计划提出，北京城市更新要紧扣新版总规和发展实际，聚焦城市建成区存量空间资源提质增效，不搞大拆大建，推动六类城市更新项目的发展，建立起良性的城市自我更新机制。

1. 推动城市建设向存量更新转变

以新版城市总规为统领，始终坚持有利于完善城市功能、有利于形成活力空间、有利于引入社会资本、有利于改善民生福祉，推动城市建设发展由依靠增量开发向存量更新转变。通过实施城市更新行动，进一步完善城市空间结构和功能布局，促进产业转型升级，建设国际科技创新中心；建立良性的城市自我更新机制，为"两区"建设提供更加有效的空间载体；大力发展数字经济，以盘活存量空间资源支持建设全球数字经济标杆城市；通过更新改造推动产业结构调整升级，扩大文化有效供给，优化投资供给结构，带动消费升级，建设国际消费中心城市；与疏解整治促提升专项行动紧密配合，深入推动京津冀协同发展。

2. 六类更新项目分类指导

首都功能核心区平房（院落）申请式退租和保护性修缮、恢复性修建；老旧小区改造；危旧楼房改建和简易楼腾退改造；老旧楼宇与传统商圈改造升级；低效产业园区"腾笼换鸟"和老旧厂房更新改造；城镇棚户区改造。

多途径推动首都功能核心区平房（院落）申请式退租和保护性修缮、恢复性修建，完善"共生院"模式。到2025年，完成首都功能核心区平房（院落）10000户申请式退租和6000户修缮任务。

积极支持既有低效产业园区更新，推动传统产业转型升级；引导利用老旧厂房建设新型基础设施，发展现代服务业等产业业态。到2025年，有序推进700处老旧厂房更新改造、低效产业园区"腾笼换鸟"。

3.编制城市更新行动三大清单

创新性地以街区为单元，加强统筹片区单元更新与分项更新，统筹城市更新与疏解整治促提升，统筹地上和地下更新，统筹重大项目建设与周边地区更新，统筹政府支持与社会资本参与，推进城市更新行动高效有序开展。

3.《北京市城市更新条例》

（1）政策原文：

北京市城市更新条例

（2022年11月25日北京市第十五届人民代表大会常务委员会第四十五次会议通过）

北京市人民代表大会常务委员会公告

〔十五届〕第88号

《北京市城市更新条例》已由北京市第十五届人民代表大会常务委员会第四十五次会议于2022年11月25日通过，现予公布，自2023年3月1日起施行。

北京市人民代表大会常务委员会
2022年11月25日

北京市城市更新条例

第一章 总 则
第二章 城市更新规划
第三章 城市更新主体
第四章 城市更新实施
　　第一节 实施要求
　　第二节 实施程序
第五章 城市更新保障
第六章 监督管理
第七章 附 则

第一章 总 则

第一条 为了落实北京城市总体规划，以新时代首都发展为统领，推动城市更新，加强"四个中心"功能建设，提高"四个服务"水平，优化城市功能和空间布局，改善人居环境，加强历史文化保护传承，激发城市活力，促进城市高质量发展，建设国际一流的和谐宜居之都，根据有关法律、行政法规，结合本市实际，制定本条例。

第二条 本市行政区域内的城市更新活动及其监督管理，适用本条例。

本条例所称城市更新，是指对本市建成区内城市空间形态和城市功能的持续完善和优化调整，具体包括：

（一）以保障老旧平房院落、危旧楼房、老旧小区等房屋安全，提升居住品质为主的居住类城市更新；

（二）以推动老旧厂房、低效产业园区、老旧低效楼宇、传统商业设施等存量空间资源提质增效为主的产业类城市更新；

（三）以更新改造老旧市政基础设施、公共服务设施、公共安全

设施,保障安全、补足短板为主的设施类城市更新;

(四)以提升绿色空间、滨水空间、慢行系统等环境品质为主的公共空间类城市更新;

(五)以统筹存量资源配置、优化功能布局,实现片区可持续发展的区域综合性城市更新;

(六)市人民政府确定的其他城市更新活动。

本市城市更新活动不包括土地一级开发、商品住宅开发等项目。

第三条 本市城市更新坚持党的领导,坚持以人民为中心,坚持落实首都城市战略定位,坚持统筹发展与安全,坚持敬畏历史、敬畏文化、敬畏生态。

本市城市更新工作遵循规划引领、民生优先,政府统筹、市场运作,科技赋能、绿色发展,问题导向、有序推进,多元参与、共建共享的原则,实行"留改拆"并举,以保留利用提升为主。

第四条 开展城市更新活动,遵循以下基本要求:

(一)坚持先治理、后更新,与"疏解整治促提升"工作相衔接,与各类城市开发建设方式、城乡结合部建设改造相协调;

(二)完善区域功能,优先补齐市政基础设施、公共服务设施、公共安全设施短板;

(三)落实既有建筑所有权人安全主体责任,消除各类安全隐患;

(四)落实城市风貌管控、历史文化名城保护要求,严格控制大规模拆除、增建,优化城市设计,延续历史文脉,凸显首都城市特色;

(五)落实绿色发展要求,开展既有建筑节能绿色改造,提升建筑能效水平,发挥绿色建筑集约发展效应,打造绿色生态城市;

(六)统筹地上地下空间一体化、集约化提升改造,提高城市空间资源利用效率;

(七)落实海绵城市、韧性城市建设要求,提高城市防涝、防洪、防疫、防灾等能力;

(八)推广先进建筑技术、材料以及设备,推动数字技术创新与集成应用，推进智慧城市建设；

（九）落实无障碍环境建设要求，推进适老化宜居环境和儿童友好型城市建设。

第五条 本市建立城市更新组织领导和工作协调机制。市人民政府负责统筹全市城市更新工作，研究、审议城市更新相关重大事项。

市住房城乡建设部门负责综合协调本市城市更新实施工作，研究制定相关政策、标准和规范，制定城市更新计划并督促实施，跟踪指导城市更新示范项目，按照职责推进城市更新信息系统建设等工作。

市规划自然资源部门负责组织编制城市更新相关规划并督促实施，按照职责研究制定城市更新有关规划、土地等政策。

市发展改革、财政、教育、科技、经济和信息化、民政、生态环境、城市管理、交通、水务、商务、文化旅游、卫生健康、市场监管、国资、文物、园林绿化、金融监管、政务服务、人防、税务、公安、消防等部门，按照职责推进城市更新工作。

第六条 区人民政府负责统筹推进、组织协调和监督管理本行政区域内城市更新工作，组织实施重点项目、重点街区的城市更新；明确具体部门主管本区城市更新工作，其他各有关部门应当按照职能分工推进实施城市更新工作。

街道办事处、乡镇人民政府应当充分发挥"吹哨报到"、接诉即办等机制作用，组织实施本辖区内街区更新，梳理辖区资源，搭建城市更新政府、居民、市场主体共建共治共享平台，调解更新活动中的纠纷。

居民委员会、村民委员会在街道办事处、乡镇人民政府的指导下，了解、反映居民、村民更新需求，组织居民、村民参与城市更新活动。

第七条 不动产所有权人、合法建造或者依法取得不动产但尚未办理不动产登记的单位和个人、承担城市公共空间和设施建设管理责任的单位等作为物业权利人，依法开展城市更新活动，享有更新权利,承担更新义务,合理利用土地,自觉推动存量资源提质增效。

国家机关、国有企业事业单位作为物业权利人的,应当主动进行更新;涉及产权划转、移交或者授权经营的,国家机关、国有企业事业单位应当积极洽商、主动配合。直管公房经营管理单位按照国家和本市公房管理有关规定在城市更新中承担相应责任。

第八条 本市城市更新活动应当按照公开、公平、公正的要求,完善物业权利人、利害关系人依法参与城市更新规划编制、政策制定、民主决策等方面的制度,建立健全城市更新协商共治机制,发挥业主自治组织作用,保障公众在城市更新项目中的知情权、参与权和监督权。

鼓励社会资本参与城市更新活动、投资建设运营城市更新项目;畅通市场主体参与渠道,依法保障其合法权益。市场主体应当积极履行社会责任。

城市更新活动相关主体按照约定合理共担改造成本,共享改造收益。

第九条 本市建立城市更新专家委员会制度,为城市更新有关活动提供论证、咨询意见。

本市建立责任规划师参与制度,指导规划实施,发挥技术咨询服务、公众意见征集等作用,作为独立第三方人员,对城市更新项目研提意见,协助监督项目实施。

第十条 本市充分利用信息化、数字化、智能化的新技术开展城市更新工作,依托智慧城市信息化建设共性基础平台建立全市统一的城市更新信息系统,完善数据共享机制,提供征集城市更新需求、畅通社会公众意愿表达渠道等服务保障功能。

市、区人民政府及其有关部门依托城市更新信息系统,对城市更新活动进行统筹推进、监督管理,为城市更新项目的实施提供服务保障。

第十一条 本市推动建立城市更新服务首都功能协同对接机制,

加强服务保障，对于满足更新条件的项目，按照投资分担原则和责任分工，加快推进城市更新项目实施。

第二章 城市更新规划

第十二条 本市按照国土空间规划体系要求，通过城市更新专项规划和相关控制性详细规划对资源和任务进行时空统筹和区域统筹，通过国土空间规划"一张图"系统对城市更新规划进行全生命周期管理，统筹配置、高效利用空间资源。

第十三条 市规划自然资源部门组织编制城市更新专项规划，经市人民政府批准后，纳入控制性详细规划。

城市更新专项规划是指导本市行政区域内城市更新工作的总体安排，具体包括提出更新目标、明确组织体系、划定重点更新区域、完善更新保障机制等内容。

编制城市更新专项规划，应当向社会公开，充分听取专家、社会公众意见，及时将研究处理情况向公众反馈。

第十四条 本市依法组织编制的控制性详细规划，作为城市更新项目实施的规划依据。编制控制性详细规划应当落实城市总体规划、分区规划要求，进行整体统筹。

编制更新类控制性详细规划，应当根据城市建成区特点，结合更新需求以及群众诉求，科学确定规划范围、深度和实施方式，小规模、渐进式、灵活多样地推进城市更新。

第十五条 城市更新专项规划和相关控制性详细规划的组织编制机关，在编制规划时应当进行现状评估，分类梳理存量资源的分布、功能、规模、权属等信息，提出更新利用的引导方向和实施要求。涉及历史文化资源的，应当开展历史文化资源调查评估。

规划实施中应当优先考虑存在重大安全隐患、居住环境差、市政基础设施薄弱、严重影响历史风貌以及现有土地用途、建筑物使用功能、产业结构不适应经济社会发展等情况的区域。

第十六条 市规划自然资源、住房城乡建设部门会同发展改革、财政、科技、经济和信息化、商务、城市管理、交通、水务、园林绿化、消防等部门制定更新导则,明确更新导向、技术标准等,指导城市更新规范实施。

第十七条 城市更新项目应当依据控制性详细规划和项目更新需要,编制实施方案。符合本市简易低风险工程建设项目要求的,可以直接编制项目设计方案用于更新实施。

第三章 城市更新主体

第十八条 物业权利人在城市更新活动中,享有以下权利:

(一)向本市各级人民政府及其有关部门提出更新需求和建议;

(二)自行或者委托进行更新,也可以与市场主体合作进行更新;

(三)更新后依法享有经营权和收益权;

(四)城市更新项目涉及多个物业权利人的,依法享有相应的表决权,对共用部位、共用设施设备在更新后依实施方案享有收益权;

(五)对城市更新实施过程享有知情权、监督权和建议权;

(六)对侵害自己合法权益的行为,有权请求承担民事责任;

(七)法律法规规定的其他权利。

第十九条 物业权利人在城市更新活动中,应当遵守以下规定:

(一)国家和本市城市更新有关法律法规规定和制度要求;

(二)配合有关部门组织开展的城市更新相关现状调查、意愿调查等工作,提供相关资料;

(三)履行业主义务,参与共有部分的管理,对共同决定事项进行协商,执行业主依法作出的共同决定;

(四)执行经本人同意或者业主共同决定报有关部门依法审查通过的实施方案,履行相应的出资义务,做好配合工作。

第二十条 城市更新项目涉及单一物业权利人的,物业权利人自行确定实施主体;涉及多个物业权利人的,协商一致后共同确定实施主体；无法协商一致，涉及业主共同决定事项的，由业主依法表决确定实施主体。

城市更新项目权属关系复杂，无法依据上述规则确定实施主体，但是涉及法律法规规定的公共利益、公共安全等情况确需更新的，可以由区人民政府依法采取招标等方式确定实施主体。确定实施主体应当充分征询利害关系人意见，并通过城市更新信息系统公示。

第二十一条 多个相邻或者相近城市更新项目的物业权利人，可以通过合伙、入股等多种方式组成新的物业权利人，统筹集约实施城市更新。

第二十二条 区人民政府依据城市更新专项规划和相关控制性详细规划，可以将区域综合性更新项目或者多个城市更新项目，划定为一个城市更新实施单元，统一规划、统筹实施。

区人民政府确定与实施单元范围内城市更新活动相适应的主体作为实施单元统筹主体，具体办法由市住房城乡建设部门会同有关部门制定。实施单元统筹主体也可以作为项目实施主体。

区人民政府可以根据城市更新活动需要，赋予实施单元统筹主体推动达成区域更新意愿、整合市场资源、推动项目统筹组合、推进更新项目实施等职能。

第二十三条 实施主体负责开展项目范围内现状评估、房屋建筑性能评估、消防安全评估、更新需求征询、资源整合等工作，编制实施方案，推动项目范围内物业权利人达成共同决定。

具备规划设计、改造施工、物业管理、后期运营等能力的市场主体，可以作为实施主体依法参与城市更新活动。

第二十四条 城市更新项目涉及多个物业权利人的，通过共同协商确定实施方案；涉及业主共同决定事项的，由业主依法表决确定。

实施电线、电缆、水管、暖气、燃气管线等建筑物以内共有部分改造的，可以根据管理规约或者议事规则由业主依法表决确定。

经物业权利人同意或者依法共同表决通过的实施方案，由实施主体报区城市更新主管部门审查。

第二十五条 城市更新项目涉及多个物业权利人权益以及公众利益的，街道办事处、乡镇人民政府或者居民委员会、村民委员会可以依相关主体申请或者根据项目推进需要，通过社区议事厅等形式，召开项目确定听证会、实施方案协调会以及实施效果评议会，听取意见建议，协调利益，化解矛盾，推动实施。区人民政府应当加强对议事协调工作的指导，健全完善相关工作指引。

第二十六条 物业权利人拒不执行实施方案的，其他物业权利人、业主大会或者业主委员会可以依法向人民法院提起诉讼；造成实施主体损失的，实施主体可以依法向人民法院请求赔偿。

本市鼓励发挥人民调解制度作用，人民调解委员会可以依申请或者主动开展调解工作，帮助当事人自愿达成调解协议。

项目实施涉及法律法规规定的公共安全的，区城市更新主管部门可以参照重大行政决策的有关规定作出更新决定。物业权利人对决定不服的，可以依法申请行政复议或者提起行政诉讼。在法定期限内不申请行政复议或者不提起行政诉讼，在决定规定的期限内又不配合的，由区城市更新主管部门依法申请人民法院强制执行。

第二十七条 城市更新过程中，涉及公有住房腾退的，产权单位应当妥善安置承租人，可以采取租赁置换、产权置换等房屋置换方式或者货币补偿方式予以安置补偿。

项目范围内直管公房承租人签订安置补偿协议比例达到实施方案规定要求，承租人拒不配合腾退房屋的，产权单位可以申请调解；调解不成的，区城市更新主管部门可以依申请作出更新决定。承租人对决定不服的，可以按照本条例第二十六条第三款规定执行。

第二十八条 城市更新过程中，需要对私有房屋进行腾退的，实施主体可以采取产权调换、提供租赁房源或者货币补偿等方式进行协商。

城市更新项目范围内物业权利人腾退协议签约比例达到百分之

九十五以上的,实施主体与未签约物业权利人可以向区人民政府申请调解。调解不成且项目实施涉及法律、行政法规规定的公共利益,确需征收房屋的,区人民政府可以依据《国有土地上房屋征收与补偿条例》等有关法律法规规定对未签约的房屋实施房屋征收。

第二十九条 城市更新活动中,相邻权利人应当按照有利生产、方便生活、团结互助、公平合理的原则,为城市更新活动提供以下必要的便利:

(一)配合对现状建筑物及其附属设施进行测量、改造、修缮;

(二)给予必要的通行区域、施工作业场所;

(三)提供实施更新改造必要的用水、排水等便利;

(四)其他城市更新活动必要的便利。

对相邻权利人造成损失的,应当依法给予补偿或者赔偿。

第四章 城市更新实施

第一节 实施要求

第三十条 实施首都功能核心区平房院落保护性修缮、恢复性修建的,可以采用申请式退租、换租、房屋置换等方式,完善配套功能,改善居住环境,加强历史文化保护,恢复传统四合院基本格局;按照核心区控制性详细规划合理利用腾退房屋,建立健全平房区社会管理机制。核心区以外的地区可以参照执行。

实施主体完成直管公房申请式退租和恢复性修建后,可以获得经营房屋的权利。推进直管公房经营预期收益等应收账款质押,鼓励金融机构向获得区人民政府批准授权的实施主体给予贷款支持。

首都功能核心区平房院落腾退空间,在满足居民共生院改造和申请式改善的基础上,允许实施主体依据控制性详细规划,利用腾退空间发展租赁住房、便民服务、商务文化服务等行业。

区属直管公房完成退租、腾退后,可以由实施主体与区人民政府授权的代持机构根据出资、添附情况,按照国有资产管理有关规定共同享有权益。

第三十一条 实施危旧楼房和简易楼改建的，建立物业权利人出资、社会筹资参与、政府支持的资金筹集模式，物业权利人可以提取住房公积金或者利用公积金贷款用于支付改建成本费用。

改建项目应当不增加户数，可以利用地上、地下空间，补充部分城市功能，适度改善居住条件，可以在符合规划、满足安全要求的前提下，适当增加建筑规模作为共有产权住房或者保障性租赁住房。

对于位于重点地区和历史文化街区内的危旧楼房和简易楼，鼓励和引导物业权利人通过腾退外迁改善居住条件。

第三十二条 实施老旧小区综合整治改造的，应当开展住宅楼房抗震加固和节能综合改造，整治提升小区环境，健全物业管理和物业服务费调整长效机制，改善老旧小区居住品质。经业主依法共同决定，业主共有的设施与公共空间，可以通过改建、扩建用于补充小区便民服务设施等。

老旧住宅楼房加装电梯的，应当依法由业主表决确定。业主可以依法确定费用分摊、收益分配等事项。

街道办事处、乡镇人民政府应当健全利益协调机制，推动形成各方认可的利益平衡方案。市住房城乡建设部门应当会同有关部门，通过制定工作指引等方式加强指导。

老旧小区综合整治改造中包含售后公房的，售房单位应当进行专项维修资金补建工作，售后公房业主应当按照国家和本市有关规定续筹专项维修资金。

第三十三条 实施老旧厂房更新改造的，在符合街区功能定位的前提下，鼓励用于补充公共服务设施、发展高精尖产业，补齐城市功能短板。

在符合规范要求、保障安全的基础上，可以经依法批准后合理利用厂房内部空间进行加层改造。

第三十四条 实施低效产业园区更新的，应当推动传统产业转型升级，重点发展新产业、新业态，聚集创新资源、培育新兴产业，完善产业园区配套服务设施。

区人民政府应当建立产业园区分级分类认定标准，将产业类型、投资强度、产出效率、创新能力、节能环保等要求，作为产业引入的条件。区人民政府组织与物业权利人以及实施主体签订履约监管协议，明确各方权利义务。

第三十五条 实施老旧低效楼宇更新的，应当优化业态结构、完善建筑安全和使用功能、提升空间品质、提高服务水平，拓展新场景、挖掘新消费潜力、提升城市活力，提高智能化水平、满足现代商务办公需求。

对于存在建筑安全隐患或者严重抗震安全隐患，以及不符合民用建筑节能强制性标准的老旧低效楼宇，物业权利人应当及时进行更新；没有能力更新的，可以向区人民政府申请收购建筑物、退回土地。

在符合规划和安全等规定的条件下，可以在商业、商务办公建筑内安排文化、体育、教育、医疗、社会福利等功能，也可以用于宿舍型保障性租赁住房。

第三十六条 实施市政基础设施更新改造的，应当完善道路网络，补足交通设施短板，强化轨道交通一体化建设和场站复合利用，建设和完善绿色慢行交通系统，构建连续、通畅、安全的步行与自行车道网络，促进绿色交通设施改造。推进综合管廊建设，完善市政供给体系，建立市政专业整合工作推进机制，统筹道路施工和地下管线建设，应当同步办理立项、规划和施工许可。城市更新项目涉及利用集体土地建设配套公共服务设施、道路和市政设施的，应当随同项目一并研究。

实施老旧、闲置公共服务设施更新改造的，鼓励利用存量资源改造为公共服务设施和便民服务设施，按照民生需求优化功能、丰富供给，提升公共服务设施的服务能力与品质。

实施老旧公共安全设施更新改造的，应当加强首都安全保障，提高城市韧性，提高城市应对多风险叠加能力，确保首都持续安全稳定。

第三十七条 实施公共空间更新改造的，应当统筹绿色空间、滨水空间、慢行系统、边角地、插花地、夹心地等，改善环境品质与风貌特色。实施居住类、产业类城市更新项目时，可以依法将边角地、插花地、夹心地同步纳入相关实施方案，同步组织实施。

公共空间类更新项目由项目所在地街道办事处、乡镇人民政府或者经授权的企业担任实施主体。企业可以通过提供专业化物业服务等方式运营公共空间。有关专业部门、公共服务企业予以专项支持。

第三十八条 本市统筹推进区域综合性更新。

推动街区更新，整合街区各类空间资源，统筹推进居住类、产业类、设施类、公共空间类更新改造，补短板、强弱项，促进生活空间改善提升、生产空间提质增效，加强街区生态修复。

推动轨道交通场站以及周边存量建筑一体化更新，推进场站用地综合利用，实现轨道交通与城市更新有机融合，带动周边存量资源提质增效，促进场站与周边商业、办公、居住等功能融合，补充公共服务设施。

推动重大项目以及周边地区更新，在重大项目建设时，应当梳理周边地区功能以及配套设施短板，提出更新改造范围和内容，推动周边地区老旧楼宇与传统商圈、老旧厂房与低效产业园区提质增效，促进公共空间与公共设施品质提升。

第二节 实施程序

第三十九条 本市建立市、区两级城市更新项目库，实行城市更新项目常态申报和动态调整机制，由城市更新实施单元统筹主体、项目实施主体向区城市更新主管部门申报纳入项目库。具体办法由市住房城乡建设部门会同有关部门制定。

具备实施条件的项目，有关部门应当听取项目所在地街道办事处、乡镇人民政府以及有关单位和个人意见，及时纳入城市更新计划。

第四十条 项目纳入城市更新计划后，实施主体开展实施方案编制工作。编制过程中应当与相关物业权利人进行充分协商,征询利害关系人的意见。

实施主体结合实际情况编制实施方案,明确更新范围、内容、方式以及建筑规模、使用功能、设计方案、建设计划、土地取得方式、市政基础设施和公共服务设施建设、成本测算、资金筹措方式、运营管理模式、产权办理等内容。市、区人民政府有关部门应当加强对实施主体编制实施方案的指导。

第四十一条 依照本条例第二十四条第三款规定确定的实施方案,报区城市更新主管部门,由区人民政府组织区城市更新主管部门会同有关行业主管部门进行联合审查;涉及国家和本市重点项目、跨行政区域项目、涉密项目等重大项目的,应当报市人民政府批准。审查通过的,由区城市更新主管部门会同有关行业主管部门出具意见,并在城市更新信息系统上对项目情况进行公示,公示时间不得少于十五个工作日。

对实施方案应当重点审核以下内容:

(一)是否符合城市更新规划和导则相关要求;

(二)是否符合本条例第四条相关要求;

(三)现状评估、房屋建筑性能评估等工作情况;

(四)更新需求征询以及物业权利人对实施方案的协商表决情况;

(五)建筑规模、主体结构、使用用途调整等情况是否符合相关规划;

(六)项目资金和用地保障情况;

(七)更新改造空间利用以及运营、产权办理、消防专业技术评价情况。

第四十二条 政府投资为主的城市更新项目,可以由区人民政府或者实施主体将相同、相近类型项目或者同一实施单元内的项目统一招标、统一设计。

区人民政府或者实施主体在项目纳入城市更新计划后,在项目主体、招标内容和资金来源等条件基本确定的前提下，可以依法开展勘察设计招标等工作。

第四十三条　实施主体依据审查通过的实施方案申请办理投资、土地、规划、建设等行政许可或者备案，由各主管部门依法并联办理；符合本市简易低风险工程建设项目要求的，按照相关简易程序办理。市住房城乡建设、规划自然资源部门应当会同有关部门，建立科学合理的并联办理工作机制，优化程序，提高效率。

第四十四条　在保障公共安全的前提下，城市更新中既有建筑改造的绿地率可以按照区域统筹核算，人防工程、建筑退线、建筑间距、日照时间、机动车停车数量等无法达到现行标准和规范的，可以按照改造后不低于现状的标准进行审批。

有关行业主管部门可以按照环境改善和整体功能提升的原则，制定适合城市更新既有建筑改造的标准和规范。

第四十五条　城市更新既有建筑改造应当确保消防安全，符合法律法规和有关消防技术标准要求。确实无法执行现行消防技术标准的，按照尊重历史、因地制宜的原则，应当不低于原建造时的标准；或者采用消防性能化方法进行设计，符合开展特殊消防设计情形的，应当按照有关规定开展特殊消防设计专家评审。

有关部门可以根据城市更新要求，依法制定相适应的既有建筑改造消防技术规范或者方案审查流程。

第四十六条　利用更新改造空间按照实施方案从事经营活动的，有关部门应当办理经营许可。

对于原有建筑物进行多种功能使用，不变更不动产登记的，不影响实施主体办理市场主体登记以及经营许可手续。

第五章　城市更新保障

第四十七条　实施城市更新过程中，为了满足安全、环保、无障碍标准等要求，增设必要的楼梯、风道、无障碍设施、电梯、外墙保温等附属设施和室外开敞性公共空间的,增加的建筑规模可以不计入各区建筑管控规模,由各区单独备案统计。

为了保障居民基本生活、补齐城市短板,实施市政基础设施改造、公共服务设施改造、公共安全设施改造、危旧楼房成套化改造的,增加的建筑规模计入各区建筑管控规模,可以由各区单独备案统计,进行全区统筹。

第四十八条 本市探索实施建筑用途转换、土地用途兼容。市规划自然资源部门应当制定具体规则,明确用途转换和兼容使用的正负面清单、比例管控等政策要求和技术标准。

存量建筑在符合规划和管控要求的前提下,经依法批准后可以转换用途。鼓励各类存量建筑转换为市政基础设施、公共服务设施、公共安全设施。公共管理与公共服务类建筑用途之间可以相互转换;商业服务业类建筑用途之间可以相互转换;工业以及仓储类建筑可以转换为其他用途。

存量建筑用途转换经批准后依法办理规划建设手续。符合正面清单和比例管控要求的,按照不改变规划用地性质和土地用途管理;符合正面清单,但是超过比例管控要求的,应当依法办理土地用途变更手续,按照不同建筑用途的建筑规模比例或者功能重要性确定主用途,按照主用途确定土地配置方式、使用年期,结合兼容用途及其建筑规模比例综合确定地价。

住房城乡建设、市场监管、税务、卫生健康、生态环境、文化旅游、公安、消防等部门应当按照工作职责为建筑用途转换和土地用途兼容使用提供政策和技术支撑,办理建设、使用、运营等相关手续,加强行业管理和安全监管。

第四十九条 开展城市更新活动的,国有建设用地依法采取租赁、出让、先租后让、作价出资或者入股等有偿使用方式或者划拨方式配置。采取有偿使用方式配置国有建设用地的,可以按照国家规定采用协议方式办理用地手续。

根据实施城市规划需要，可以由政府依法收回国有建设用地使用权。重新配置的，经营性用地应当依法采取公开招标、拍卖、挂牌等方式。未经有关部门批准，不得分割转让土地使用权。

本市鼓励在城市更新活动中采取租赁方式配置国有建设用地。租赁国有建设用地可以依法登记，租赁期满后可以续租。在租赁期以内，承租人按照规定支付土地租金并完成更新改造后，符合条件的，国有建设用地租赁可以依法转为国有建设用地使用权出让。

国有建设用地租赁、先租后让和国有建设用地使用权作价出资或者入股的具体办法由市规划自然资源部门制定。

第五十条 在不改变用地主体的条件下，城市更新项目符合更新规划以及国家和本市支持的产业业态的，在五年内可以继续按照原用途和土地权利类型使用土地，可以根据更新改造需要办理建设工程规划许可和建筑工程施工许可手续，暂不办理用地手续和不动产登记。

五年期满或者涉及转让时，经区人民政府评估，符合更新规划和产业发展方向，已经实现既定的使用功能和预期效果的，可以按照本条例第四十九条规定以新用途办理用地手续。允许用地主体提前申请按照新用途办理用地手续。

五年期限的起始日从核发建筑工程施工许可证之日起计算；不需要办理建筑工程施工许可证的，起始日从核发建设工程规划许可证之日起计算。

第五十一条 在城市更新活动中，可以采用弹性年期供应方式配置国有建设用地。采取租赁方式配置的，土地使用年期最长不得超过二十年；采取先租后让方式配置的，租让年期之和不得超过该用途土地出让法定最高年限。国有建设用地使用权剩余年期不足，确需延长的，可以依法适当延长使用年限，但是剩余年期与续期之和不得超过该用途土地出让法定最高年限。

涉及缴纳或者补缴土地价款的，应当考虑土地取得成本、公共要素贡献等因素，综合确定土地价款。

采取租赁方式使用土地的，土地租金按年支付或者分期缴纳，租金标准根据前款以及地价评估规定确定。土地租金按年支付的，年租金应当按照市场租金水平定期评估后调整，时间间隔不得超过五年。

第五十二条　城市更新范围内已取得土地和规划审批手续的建筑物，可以纳入实施方案研究后一并办理相关手续。无审批手续、审批手续不全或者现状与原审批不符的建筑，区人民政府应当组织有关部门进行调查、认定，涉及违反法律规定的，应当依法处理；不涉及违反法律规定的，经公示后可以纳入实施方案研究后一并办理相关手续。

城市更新项目应当权属清楚、界址清晰、面积准确，实施更新后依法办理不动产登记。

第五十三条　本市鼓励在符合控制性详细规划的前提下，采取分层开发的方式，合理利用地上、地下空间补充建设城市公共服务设施，并依法办理不动产登记。

支持将符合要求的地下空间用于便民服务设施、公共服务设施，补充完善街区服务功能。

第五十四条　市、区人民政府应当加强相关财政资金的统筹利用，可以对涉及公共利益、产业提升的城市更新项目予以资金支持，引导社会资本参与。鼓励通过依法设立城市更新基金、发行地方政府债券、企业债券等方式，筹集改造资金。

纳入城市更新计划的项目，依法享受行政事业性收费减免，相关纳税人依法享受税收优惠政策。

鼓励金融机构依法开展多样化金融产品和服务创新，适应城市更新融资需求，依据审查通过的实施方案提供项目融资。

按照国家规定探索利用住房公积金支持城市更新项目。

第六章　监督管理

第五十五条　市、区人民政府及其有关部门在实施城市更新过程中，应当依法履行重大行政决策程序，统筹兼顾各方利益，畅通公众参与渠道。

第五十六条 市人民政府以及市住房城乡建设等有关部门应当加强对区人民政府及其有关部门城市更新过程中实施主体确定、实施方案审核、更新决定作出、审批手续办理、信息系统公示等情况的监督指导。

国有资产监督管理机构应当建立健全与国有企业参与城市更新活动相适应的考核机制。

第五十七条 区城市更新主管部门会同有关行业主管部门对城市更新项目进行全过程监督，可以结合项目特点，通过签订履约监管协议等方式明确监管主体、监管要求以及违约的处置方式，加强监督管理。

城市更新项目应当按照经审查通过的实施方案进行更新和经营利用，不得擅自改变用途、分割销售。

第五十八条 对于违反城市更新有关规定的行为，任何单位和个人有权向市、区人民政府及其有关部门投诉、举报，市、区人民政府及其有关部门应当按照规定及时核实处理。

第七章 附 则

第五十九条 本条例自 2023 年 3 月 1 日起施行。

一是加强国土空间规划引领。明确北京的城市更新工作应加强规划引领，首次提出"更新类控制性详细规划"的概念及要求，支持和保障城市更新项目的实施需求。

二是突出建筑规模全区统筹。通过"必要附属设施不计"和"保民生增量全区统筹"两条建筑规模核算路径，激活各区建筑规模指标流量池，激发城市更新实施动力。

三是鼓励用地功能转换兼容。探索实施建筑用途转换和土地用途兼容，允许商业服务业类建筑用途之间相互转换、工业以及仓储类建筑转换为其他用途，解决实现城市功能过程中合理变更建筑和土地使用用途的需求。

四是丰富建设用地配置方式。完善国有建设用地配置方式，通过租赁、出让、先租后让、作价出资或者入股等有偿使用方式使城市更新过程中的土地供应方式更加丰富和灵活多样。

五是加大支持新产业新业态。对符合条件的更新项目，允许在五年内按照原用途和土地权利类型使用土地，进一步加大对发展新型基础设施、科技创新等高精尖产业、文化产业、养老产业等新产业新业态的支持力度。

六是鼓励使用年期适当延长。对国有建设用地使用权剩余年期不足的，允许依法适当延长使用年限，有效地解决了更新中剩余年期不足的问题。

七是指明遗留问题处置路径。对无审批手续、审批手续不全或是现状与原审批不符的建筑，分情形予以处理，为存量建筑更新明确了实施路径。

八是明确消防安全管理要求。通过完善消防技术标准和开展性能化设计，解决城市更新既有建筑改造难以满足现行标准的问题，统筹兼顾消防安全保障和改造技术标准合理，实现消防安全性能水平有效提升。

（2）政策解读：（来源：北京市人民政府门户网站）

立法背景

北京是第一批城市更新试点城市。北京市的城市更新和城市更新立法同样重要，各方面高度关注，市民广泛参与。这部法规与老百姓的居住环境、生活品质紧密相关，也为在减量发展形势下推动城市高质量发展、在现行法律框架内破解现实难题提供顶层设计。

习近平总书记在党的二十大报告中指出，"坚持人民城市人民建、人民城市为人民"，"加快转变超大特大城市发展方式，实施城市更新行动"。制定条例是深入贯彻落实习近平总书记指示精神和党中央国务院决策部署的重要举措,对于推动新时代首都发展、更好满足人民群众对美好生活的需要具有重要意义。

立法过程中,市人大常委会、市政府主管领导任"双组长",组建立法工作专班,形成立法工作合力,就重点法律问题和主要制度设计多次向全国人大和国家有关部门沟通请示,争取政策支持。市人大常委会坚持以人民为中心,深入践行全过程人民民主,通过"万名代表下基层"、常委会组成人员联系市人大代表机制和基层立法联系点等制度机制,广泛听取基层呼声需求,汇聚民智、体现民意、凝聚共识。

条例紧紧围绕首都城市战略定位,坚持政府统筹、市场运作,明确多方面保障措施和政策支持;坚持民生优先,兼顾各方主体利益;把握好立法与改革的关系,为推动本市城市更新提供坚实法治保障。

体现首都特点,明确适用范围和基本要求

条例总结实践经验,明确本市城市更新包括居住类、产业类、设施类、公共空间类、区域综合类等5大类、12项更新内容,不包括土地一级开发、商品住宅开发等项目;明确实行"留改拆"并举,以保留利用提升为主等基本原则;明确先治理后更新、补齐城市功能短板、加强既有建筑安全管理、严格城市风貌管控等9项基本要求。

健全管理体制,明确市级统筹、区级主责、街乡实施

条例总结固化现有工作机制,明确市人民政府统筹全市城市更新工作,市住房城乡建设部门负责综合协调实施,市规划自然资源部门研究制定规划、土地政策等;区人民政府统筹推进、组织协调和监督管理城市更新工作;街道、乡镇组织实施辖区内街区更新;居(村)委会充分发挥基层自治组织作用。

强化规划引领,明确更新导则的指引作用

条例明确通过城市更新专项规划和相关控制性详细规划对资源和任务进行时空和区域统筹,引领项目实施;规定分类制定更新导则,明确更新导向、技术标准等要求，指导城市更新规范实施；明确更新项目应当依据控规和更新需要编制实施方案，符合相关要求的，可直接编制项目设计方案。

推动多元参与，明确各方主体的权利义务

条例设定了城市更新物业权利人的范围以及权利义务，确保老百姓、市场主体等从"想参与"到"会参与"，让更新改造后的一砖一瓦、一草一木，都更好体现民众所盼所愿；明确实施主体和实施单元统筹主体的确定规则，规定其承担编制实施方案，推动达成更新意愿、整合市场资源等职责；明确实施方案确定规则，其中，对于管线等建筑物以内共有部分改造的，可以根据管理规约或者议事规则由业主依法表决确定；明确街乡、居（村）委会通过社区议事厅等形式推进多元共治；对拒不执行实施方案或者无法达成一致意见的，提供异议处置路径；还明确了相邻权利人应当依法提供必要便利。

老旧小区加装电梯关系到老百姓切身利益，是调研起草过程中意见比较集中的问题，也是人民群众急难愁盼和基层普遍关注的问题。条例第三十二条第二款规定"老旧住宅楼房加装电梯的，应当依法由业主表决确定。业主可以依法确定费用分摊、收益分配等事项。"第五十四条第一款中规定政府可以对涉及公共利益的城市更新项目予以资金支持，引导社会资本参与。作出上述规定的立法目的，一方面在于依据《民法典》在费用、收益等事项上引导业主自治；另一方面针对群众关心的费用承担问题，现阶段本市对符合条件的老楼加装电梯已有明确的财政资金支持政策，条例通过后，该政策还将继续执行。

优化实施管理，明确实施要求和实施程序

针对居住类、产业类、设施类、公共空间类、区域综合类等更新项目特点，条例分类明确了实施要求，并提出相应支持政策；明确建立市区两级项目库，实行常态申报和动态调整机制；规定实施方案编制和审查程序要求；优化招标投标、并联办理、审批标准、消防安全管理和经营许可等项目审批手续。

加强保障力度，明确规划土地等激励措施

在严格落实减量双控发展要求的基础上，为调动市场积极性，结合国家有关政策，条例规定了一系列激励保障措施，包括：建筑规模激励、用途转换和兼容使用、国有建设用地配置方式、五年过渡期、弹性年期供应与土地续期、未登记建筑物手续办理、利用地上地下空间补建公共服务设施等制度，并明确了政府财政资金、税收、金融等方面的支持政策。

强化监督管理，明确全过程监管项目要求

条例明确决策机关在城市更新工作中应当依法履行重大行政决策程序；要求市级加强监督指导，区级进行全过程监管；明确任何单位和个人有权投诉举报，政府应当及时核实处理。

4.《北京市城市更新实施单元统筹主体确定管理办法（试行）》

（1）政策原文：

北京市住房和城乡建设委员会关于印发《北京市城市更新实施单元统筹主体确定管理办法（试行）》的通知

京建法〔2024〕1号

各区住房城乡（市）建设委（房管局），各相关单位：

为落实《北京市城市更新条例》，加快推进我市城市更新工作，现将《北京市城市更新实施单元统筹主体确定管理办法（试行）》印发给你们，请结合实际认真贯彻落实。

北京市住房和城乡建设委员会

2024年3月28日

北京市城市更新实施单元统筹主体确定管理办法（试行）

第一条 为规范本市城市更新实施单元统筹主体确定方式和程序，加大对统筹主体政策支持力度，激发市场活力，根据《中华人民共和国招标投标法》《北京市城市更新条例》等法律法规，结合本市实际，制定本办法。

第二条 本办法适用于本市行政区域内城市更新实施单元统筹主体的确定方式、确定程序、统筹主体职能及退出管理等。区域综合性项目或多个城市更新项目可以划定为一个城市更新实施单元，由各区政府依据控规和专项规划，根据实际具体划定。

第三条 本市城市更新实施单元统筹主体的确定，应当遵守国家和本市相关法律法规规定，遵循公开、公平、公正原则，切实保障统筹主体合法权益，坚持多元参与、共建共享，共同推动城市更新活动顺利进行。

第四条 市城市更新主管部门及各行业主管部门负责指导各区做好统筹主体确定的政策支持和规范管理。各区政府负责统筹主体确定工作的组织实施和监督管理。

各区政府应当建立统筹主体联合会商、统筹推进和专项服务保障机制，及时回应统筹主体需求诉求，支持项目谋划生成，推动项目落地实施。

街道办事处、乡镇人民政府或者居民委员会、村民委员会负责搭建城市更新政府、居民、主体共建共治共享平台，通过社区议事厅等形式听取意见建议、调解更新活动中的矛盾纠纷，协助进行表决，推进统筹主体确定等，充分发挥基层服务职能，推动城市更新项目顺利实施。

第五条 区政府根据城市更新实施单元实际情况，综合考虑实施单元范围内物业权利人、相关权益主体需要，明确统筹主体应当符合的基本条件。鼓励引入规划设计和策划运营能力强、公共关系处置经验丰富、商业信誉突出的专业企业等社会主体，通过采取与物业权利人联营、合作、入股等多种方式，实现资源整合和权责明晰，推动项目高水平策划、专业化设计、市场化招商、企业化运营。

第六条 区政府按照规定划定城市更新实施单元后，开展统筹主体确定工作。

确定统筹主体原则上应当采取公开比选方式，也可以采取指定方式。国家法律规定必须采取招标等方式确定主体的项目，应该按照有关规定执行。

城市更新实施单元内含有涉密项目等法规明确不得公开的情形，或者发生紧急救援情形的，应当按照相关规定明确的方式确定统筹主体。

第七条 采取公开比选方式确定统筹主体的，各区城市更新主管部门应当在北京市城市更新信息系统发布公告，符合条件的统筹主体应当按公告要求提交申报材料。区政府组织专家、各相关部门对符合条件的申报主体进行综合评估后，确定统筹主体。

采取指定方式确定的，应当通过区政府常务会议等形式集体决策确定。

除本办法第六条第三款所列情形外，统筹主体确定结果应当通过北京市城市更新信息系统公示，公示期不少于7日。各区城市更新主管部门应当对公示期间收到的意见及时予以反馈。

第八条 各区政府确定城市更新实施单元统筹主体后，应当制发书面确认文件，并根据项目需要赋予统筹主体以下全部或部分职能：

（一）推动达成区域更新意愿。通过申请启动协商议事，或者根据街道、乡镇委托，开展意见征询、入户调查、方案协商等工作，推动实施单元范围内物业权利人、相关权利人达成更新意愿，调动各方参与积极性。

（二）整合市场资源。根据区政府授权，组织安排绿色建筑、产业转型、交通治理和公共服务补充等公益性社会资源,并引入、匹配、整合各类市场资源统筹运作,提出政府资金和社会资金统筹使用的方案建议。

(三)推动项目统筹组合。做好城市更新项目前期谋划,算好规划账、时间账和资金账,按规定开展城市更新实施单元项目组合、统一立项等研究;梳理实施单元内更新资金、资源,查找实施环节存在的问题堵点,提出解决方案,提出整合平衡经营性与公益性空间资源的可行性建议,并将相关内容纳入实施方案。

(四)推进更新项目实施。根据法律法规和相关规划,做好实施方案编制工作;组织落实实施方案,组织协调实施单元范围内的项目实施主体推进项目,配合落实城市更新项目全生命周期管理等。

(五)其他经市、区政府明确的事项。

第九条 城市更新实施单元统筹主体可以作为实施主体。统筹主体作为实施主体的,要与物业权利人充分协商,通过书面形式明确权益分配等事项。

第十条 区城市更新主管部门会同有关行业主管部门对城市更新项目进行全过程监督,可以结合项目特点,通过签订履约监管协议等方式明确监管主体、监管要求以及违约的处置方式,加强监督管理。

第十一条 城市更新项目手续办理过程中,相关部门通过北京市城市更新系统或信息共享等方式,查阅统筹主体信息,无需审查书面确认文件。

统筹主体有效期原则上不超过3年,具体在确认文件中予以明确,有效期满后可以申请延期,原则上每次延期不超过1年。

第十二条 统筹主体在城市更新项目推进过程中,有如下情况的,经城市更新主管部门会同有关行业主管部门综合评估后,可按照履约监管协议或者原确定路径取消其主体授权:

(一)重大规划调整等政策变化因素导致项目无法继续实施的。

(二)统筹主体自愿申请退出,或主体确认文件明确的有效期已满，且未延期的。

（三）统筹主体违反法律法规或故意不履行相关职能，造成损害国家利益、社会公共利益或他人合法权益，或发生生产安全和工程质量责任事故，或引发群访群诉等恶劣社会影响事件的。

原统筹主体启动退出机制后，可按程序选择新的统筹主体；原统筹主体的清算费用经城市更新主管部门会同有关行业主管部门综合评估后，依据相关规定计入项目成本。

第十三条 本办法自2024年5月10日起施行，有效期3年。

5.《北京市城市更新专家委员会管理办法（试行）》

（1）政策原文：

北京市住房和城乡建设委员会关于印发《北京市城市更新专家委员会管理办法（试行）》的通知

京建法〔2024〕3号

各区住房城乡（市）建设委（房管局），各相关单位：

为落实《北京市城市更新条例》，加快推进我市城市更新工作，现将《北京市城市更新专家委员会管理办法（试行）》印发给你们，请结合实际认真贯彻落实。

北京市住房和城乡建设委员会
2024年3月28日

北京市城市更新专家委员会管理办法（试行）

第一条 为了更好地服务北京市城市更新工作的复杂多样化需求，充分发挥专家在城市更新行动中的技术支持与智力支撑作用，提升政府决策的科学性和权威性，依据《北京市城市更新条例》及相关法律法规，对北京市城市更新专家委员会（以下简称"专家委员会"）的组建、运行与管理，制定本办法。

第二条 专家委员会是北京市城市更新工作的高级智库组织，发挥多学科、多专业的综合优势，由城市更新相关领域专家组成，专家的专业领域包括土地及规划、城市设计、建筑设计、工程建设、产业研究、市政交通、风景园林、生态环境、城市安全、历史文化、社会治理、金融投资、政策法律和咨询策划等专业领域，以满足实际工作需要。

第三条 北京市住房和城乡建设委员会（以下简称"市住房城乡建设委"）负责指导专家委员会的组建、运行与管理；各市级行业管理部门负责专家的推荐、使用与监督管理；各区可结合工作实际，结合本办法成立本区城市更新专家委员会。

第四条 专家委员会主要职责包括：

（一）为市委市政府城市更新重大决策和重要工作提供专家论证和决策咨询。

（二）为北京市城市更新的重要政策制定、重大规划编制、重要文件出台进行专业论证。

（三）对北京市重大城市更新项目提出咨询意见。

（四）针对北京城市更新中的重大问题进行调查研究，积极建言献策，每位专家每年至少完成一份专项报告，市住房城乡建设委择优报送市委市政府。

市级各部门可根据城市更新工作需要，按照本办法选用专家委员会的相关专家，助力城市更新行动。

第五条 专家委员会专家由行业主管部门负责推荐，入选专家应符合以下入选条件：

（一）熟悉国家及本市城市更新相关法规政策和首都城市发展战略，了解国内外行业发展动态，在所属专业领域具有较高的学术水平和实践经验。

（二）具备良好的职业道德和严谨的工作态度，身体健康，申请时年龄原则上不超过 70 周岁，院士或特别紧缺行业（学科）专家可不受年龄限制。

第六条 市住房城乡建设委向受聘专家颁发聘书，每届任期 3 年，可以连聘连任。

第七条 受聘专家可以享受以下权利：

（一）专家一经聘用，接受委托从事专项咨询工作时，按北京市相关规定享有专家咨询服务费。

（二）专家在接受委托参与北京市城市更新咨询工作时，根据工作需要，可获取开展相关工作所需的有关信息和材料。

（三）专家提出咨询意见时，不受任何单位和个人的干预，有保留个人意见和建议的权利。

第八条 受聘专家应履行以下义务：

（一）遵守职业道德，公正、客观地开展工作，遵守国家保密制度，保守国家秘密和个人隐私、被咨询服务对象的商业和技术秘密。

（二）自觉遵守回避制度，接受使用单位提出的正当回避要求。

（三）定期参加专家委员会集体会议，每年至少提交一份具有建设性的专项报告。

第九条 城市更新重要政策制定、重大项目实施、更新规划论证等咨询工作，由使用单位明确专家使用方案。市住房建设委定期组织召开专家委员会集体会议，集中研讨城市更新工作重大议题。

第十条 有以下情形之一的，专家应当主动回避：

（一）专家是被咨询评估重大城市更新项目、重大城市更新规划、政策制定工作的负责人或参与人员。

（二）与被咨询工作的负责人有近亲属关系，或与承担单位及协作单位有经济利益等利害关系。

（三）专家所在单位与被咨询工作的承担单位及协作单位有行政隶属关系。

使用单位可根据实际工作需求提出更加具体的回避条件。

第十一条 专家有下列情况之一的，由市住房城乡建设委征求推荐部门意见后作出退出决定，并通知专家本人及其所在单位：

（一）专家本人主动申请退出的。

（二）因违反相关法律法规等，受到行政处分、行政处罚、刑事处罚的；严重违反职业操守、学术失范、徇私舞弊、弄虚作假、谋取私利的。

已退出的专家不得再以专家委员会专家身份从事城市更新相关活动。

第十二条 市级行业主管部门负责所推荐专家的信息审核，专家所在单位和使用单位应当做好对其履职情况的监督。发现专家有违反相关法律法规行为的，按照有关规定追究其法律责任；涉嫌犯罪的，依法移送公安机关处理。

第十三条 本办法自2024年5月10日起施行，有效期3年。

（三）北京市层面——细则

北京市在出台城市更新条例的同时出台了一系列相关的城市更新细则，旨在进一步明确和细化条例中的相关规定，确保城市更新工作的顺利进行。这些细则针对危旧楼房改建、老旧小区更新、老旧楼宇更新、老旧厂房更新等不同类型，涵盖了城市更新的多个关键步骤，包括但不限于审批流程、资金支持、土地使用、历史建筑保护、居民安置、环境改善以及公共设施提升等。

这些细则的制定，旨在为城市更新项目提供更加具体和操作性的指导，帮助相关部门和实施主体更好地理解和执行城市更新条例。

通过这些综合性的措施，北京市的城市更新工作将更加规范化、系统化。

1.《关于首都功能核心区平房（院落）保护性修缮和恢复性修建工作的意见》

（1）政策原文：

北京市规划和自然资源委员会　北京市住房和城乡建设委员会　北京市发展和改革委员会　北京市财政局关于首都功能核心区平房（院落）保护性修缮和恢复性修建工作的意见

京规自发〔2021〕114号

东城区、西城区人民政府，市政府各委、办、局，各相关单位：

为促进首都功能核心区平房（院落）保护、腾退和活化利用，推进城市更新，提升老城活力，经市政府同意，提出如下意见：

一、适用范围

本意见适用于首都功能核心区除不可移动文物、历史建筑（含挂牌院落）以外的平房（院落）保护性修缮和恢复性修建。中式楼保护性修缮和恢复性修建可参照执行。

保护性修缮是指对现存建筑格局完整，建筑质量较好、建筑结构安全的房屋院落进行修缮，对存在安全隐患的房屋进行维修，通过结构加固、设施设备维修和改造提升等方式，恢复传统风貌、优化居住及使用功能。保护性修缮项目原则上不增加原房屋产权面积、建筑高度，不改变原房屋位置、布局及性质。保护性修缮包括翻建、大修、中修、小修和综合维修。翻建需办理规划审批手续；大修、中修、小修、综合维修无需办理规划、土地审批手续。

恢复性修建是指对传统格局和风貌已发生不可逆改变或无法通过修缮、改善等方式继续维持传统风貌的区域，依据史料研究与传统民居形态特征规律，对传统格局和风貌样式进行辨析，选取有价值的要素,适度采用新材料新技术新工艺,进行传统风貌恢复的建设行为。恢复性修建需办理相关审批手续。

二、工作原则

保护性修缮及恢复性修建应符合《首都功能核心区控制性详细规划(街区层面)(2018年—2035年)》《北京历史文化名城保护条例》,符合《北京历史文化街区风貌保护与更新设计导则》及《北京老城保护房屋修缮技术导则》要求,实施工程应符合国家、本市现行有关法规、标准要求。在保护性修缮及恢复性修建实施过程中,现有房屋附属的违法建设及院落内的违法建筑应同步拆除。

三、具体内容

(一)组织实施

1. 确定主体。保护性修缮及恢复性修建项目的实施主体由区政府确定。实施主体可为产权清晰的产权单位、片区房屋经营管理单位,也可直接委托或通过公开竞争方式选择资金实力强、信用等级高的社会单位。涉及财政资金的,按照相关规定依法依规确定实施主体。

2. 编制方案及征求意见。区政府组织实施主体进行意向摸底调查、编制实施方案,征求相关权利人、责任规划师及居民意见。实施方案包括范围、主要内容、资金筹措方式、安置方式、居民参与决策程序、工程周期等。

3. 审批程序。相关审批手续原则上由区级行政主管部门办理,区政府可参照优化营商环境政策要求,进一步优化审批程序,简化审批前置要件,压缩审批时间。

(二)手续办理

1. 列入政府年度修缮计划的直管公房或区政府确定的保护性修缮项目涉及翻建的,实施主体可凭区政府授权等相关文件、房屋租赁合同及其他现存文件(作为土地、房屋权属文件)办理审批手续。

2. 恢复性修建按以下流程办理:

(1)区政府结合本区实际情况划定实施范围,制定实施计划,明确实施主体及实施方案编制要求。

（2）项目所在街道组织开展摸底调查，征询居民意向；实施主体向区规划自然资源部门了解地区规划情况，编制实施方案进行公示并征求相关权利人、责任规划师及居民意见。

（3）区住房城乡建设部门会同区规划自然资源部门，组织专家对实施方案进行审查，审查通过后纳入"多规合一"平台研究，报区政府审定后组织实施。

（4）实施主体持区政府授权文件（作为土地权属文件）办理建设工程规划许可证。

（5）实施主体取得建设工程规划许可证后申请办理建筑工程施工许可证。

（6）建设工程竣工后，实施主体向区住房城乡建设部门申请竣工联合验收。

（7）验收合格的，完成测绘成果审核后，由区规划自然资源部门办理不动产登记。

（8）经区政府同意纳入试点范围的项目，可采取先行建设，根据竣工情况完善手续的方式推进，具体流程由区政府制定。

3. 在区政府确定的片区范围内，私房产权人自愿参与保护性修缮及恢复性修建的，可纳入实施方案整体研究，由实施主体指导协助私房产权人按相应程序办理审批手续，建设完成后按规定办理不动产登记。私房原翻原建按照本市低风险工程建设项目审批相关规定执行。

4. 翻建、改建项目如涉及文物保护单位保护范围及建设控制地带的，须按文物法律法规的规定履行报批手续。

5. 在历史文化街区、成片传统平房区及特色地区范围内进行新建、改建、扩建等活动，须符合《北京历史文化名城保护条例》相关规定。

（三）经营利用

实施主体可对完成保护性修缮或恢复性修建的房屋（院落）合理开展经营利用和管理。腾退空间再利用应符合《北京城市总体规划

(2016年—2035年)》《首都功能核心区控制性详细规划(街区层面)(2018年—2035年)》《北京市新增产业的禁止和限制目录》《建设项目规划使用性质正面和负面清单》,优先用于保障中央政务功能、服务中央单位、完善地区公共服务设施、补齐地区配套短板、改善留住居民的居住条件,还可用于传统文化传承展示、体验及特色服务,创办众创空间或发展租赁住房。

实施主体为直管公房产权单位或经营管理单位的,直接取得房屋经营权;实施主体为直接委托或通过公开竞争方式确定的,区政府可将房屋经营权授权给实施主体,由产权单位或经营管理单位与实施主体签订经营权授权协议,一次性授权年限应不高于50年。

(四)规划土地政策

1.具备条件的房屋或院落,依据保护规划及相关导则,经批准可适当利用地下空间。

2.实施主体以腾退为目的回购老城房屋,办理不动产登记及土地有偿使用手续的,按照《关于疏解腾退老城房屋办理不动产登记及土地有偿使用的工作意见》(京规自函〔2019〕1315号)执行。

四、工作要求

(一)明确工作责任

东城区、西城区政府负责统筹协调推进相关工作,及时研究项目推进过程中遇到的问题。区政府应根据实际情况,完善组织机构,建立工作机制,明确责任分工。市相关部门加强指导,加大支持力度,做好服务保障工作。

(二)注重公众参与

充分利用公共平台,加大政策宣传力度,提高居民参与度和工作透明度。在组织实施过程中,要广泛征求居民意见,发挥责任规划师作用,充分调动各方积极性,共同参与解决实践中遇到的问题。

(三)加强监督管理

东城区、西城区要加强对利用保护性修缮、恢复性修建房屋从事经营性活动的监管力度，禁止擅自改变用途。

北京市规划和自然资源委员会
北京市住房和城乡建设委员会
北京市发展和改革委员会
北京市财政局
2021 年 3 月 26 日

（2）政策解读：（官方）

一、文件出台的背景和目的是什么？

实施城市更新行动，是深入贯彻党的十九届五中全会和市委十二届十五次、十六次全会精神的重要举措，有利于完善城市功能，提升城市活力，保障改善民生，促进城市高质量发展。

为促进首都功能核心区平房（院落）保护、腾退和活化利用，推进城市更新，提升老城活力，按照市委市政府工作部署，市规划自然资源委员会同有关部门，研究制定了《关于首都功能核心区平房（院落）保护性修缮和恢复性修建工作的意见》（简称《意见》），旨在为首都功能核心区平房（院落）更新提供实施路径和政策支撑。

二、《意见》的适用范围是什么？

《意见》适用于首都功能核心区除不可移动文物、历史建筑（含挂牌院落）以外的平房（院落）保护性修缮和恢复性修建。中式楼保护性修缮和恢复性修建可参照执行。

三、什么是保护性修缮和恢复性修建？

保护性修缮是指对现存建筑格局完整，建筑质量较好、建筑结构安全的房屋院落进行修缮，对存在安全隐患的房屋进行维修，通过结构加固、设施设备维修和改造提升等方式，恢复传统风貌、优化居住及使用功能。保护性修缮项目原则上不增加原房屋产权面积、建筑高度，不改变原房屋位置、布局及性质，包括翻建、大修、中修、小修和综合维修。

恢复性修建是指对传统格局和风貌已发生不可逆改变或无法通过修缮、改善等方式继续维持传统风貌的区域，依据史料研究与传统民居形态特征规律，对传统格局和风貌样式进行辨析，选取有价值的要素，适度采用新材料新技术新工艺，进行传统风貌恢复的建设行为。

四、保护性修缮和恢复性修建应遵循哪些原则？

1. 符合《北京城市总体规划（2016年—2035年）》《首都功能核心区控制性详细规划（街区层面）（2018年—2035年）》。

2. 在历史文化街区、成片传统平房区及特色地区范围内进行新建、改建、扩建等活动，须符合《北京历史文化名城保护条例》相关规定。

3. 符合《北京历史文化街区风貌保护与更新设计导则》及《北京老城保护房屋修缮技术导则》要求。

4. 实施工程应符合国家、本市现行有关法规、标准要求。在保护性修缮及恢复性修建实施过程中，现有房屋附属的违法建设及院落内的违法建筑应同步拆除。

5. 翻建、改建项目如涉及文物保护单位保护范围及建设控制地带的，须按文物法律法规的规定履行报批手续。

五、如何确定实施主体？

保护性修缮及恢复性修建项目的实施主体由区政府确定。实施主体可为产权清晰的产权单位、片区房屋经营管理单位，也可直接委托或通过公开竞争方式选择资金实力强、信用等级高的社会单位。涉及财政资金的，按照相关规定依法依规确定实施主体。

六、如何办理相关审批手续？

1. 翻建需办理规划审批手续；大修、中修、小修、综合维修无需办理规划、土地审批手续；恢复性修建需办理相关审批手续。

2. 列入政府年度修缮计划的直管公房或区政府确定的保护性修缮项目涉及翻建的，实施主体可凭区政府授权等相关文件、房屋租赁合同及其他现存文件办理审批手续。

3. 恢复性修建相关审批手续按照《意见》中规定的流程办理。

4. 在区政府确定的片区范围内，私房产权人自愿参与保护性修缮及恢复性修建的，可纳入实施方案整体研究，由实施主体指导协助私房产权人按相应程序办理审批手续，建设完成后按规定办理不动产登记。私房原翻原建按照本市低风险工程建设项目审批相关规定执行。

七、完成保护性修缮或恢复性修建的房屋（院落）如何经营利用？

实施主体可对完成保护性修缮或恢复性修建的房屋（院落）合理开展经营利用和管理。腾退空间再利用应符合规划，符合《北京市新增产业的禁止和限制目录》和《建设项目规划使用性质正面和负面清单》，优先用于保障中央政务功能、服务中央单位、完善地区公共服务设施、补齐地区配套短板、改善留住居民的居住条件，还可用于传统文化传承展示、体验及特色服务，创办众创空间或发展租赁住房。

实施主体为直管公房产权单位或经营管理单位的，直接取得房屋经营权；实施主体为直接委托或通过公开竞争方式确定的，区政府可将房屋经营权授权给实施主体，由产权单位或经营管理单位与实施主体签订经营权授权协议，一次性授权年限应不高于50年。

2.《关于老旧小区更新改造工作的意见》

（1）政策原文：

北京市规划和自然资源委员会　北京市住房和城乡建设委员会
北京市发展和改革委员会　北京市财政局
关于老旧小区更新改造工作的意见

京规自发〔2021〕120号

各区人民政府，市政府各委、办、局，各相关单位：

为推进老旧小区更新改造，改善居民居住条件，补齐公共服务短板，提升小区环境品质，经市政府同意，提出如下意见：

一、适用范围

本意见适用于本市老旧小区内老旧住宅楼加装电梯、利用现状房屋和小区公共空间补充社区综合服务设施或其他配套设施、增加停车设施等更新改造项目。危旧楼房和简易楼改造涉及上述情况的可参照执行。

二、工作原则

坚持规划引领、民生优先，遵循老旧小区综合整治的基本工作流程，围绕落实"七有""五性"，保障居民居住安全，补足社区公共服务短板，提升居民生活舒适度和便利度。老旧小区实施更新改造，原则上绿化面积、停车数量不得低于现状。

三、具体内容

（一）老旧住宅楼加装电梯

老旧住宅楼加装电梯按照《关于印发〈北京市老旧小区综合整治工作手册〉的通知》（京建发〔2020〕100号）有关规定和流程办理。加装电梯应符合相关技术标准。加装电梯部分不计入楼房建筑面积，不变更原房屋权属信息，不办理立项、规划、用地和施工许可手续。加装电梯如需建设施工暂设的，其施工暂设管理办法由各区研究制定。

（二）利用现状房屋和小区公共空间补充社区综合服务设施或其他配套设施

1. 锅炉房（含煤场）。服务于区域的锅炉房等市政用地，不得随意改变用地性质，在保证原有设备设施完整并具备使用功能和消防安全的前提下，应预留为应急用地，可临时用于物流、能源应急、停车等。服务于小区的锅炉房可根据居民意愿用作便民服务设施。

2. 自行车棚。现状绿地少、自行车棚多的小区，可拆除部分自行车棚，增加绿地面积，具体由业主共同决定。保留的自行车棚可补充社区综合服务设施，也可按照《关于明确电动自行车集中充电设施建设有关工作的通知》（京消〔2020〕72号）有关规定增建电动自行车停放充电设施。

3. 其他现状房屋。可利用小区门房、社区配套用房等现状房屋补充社区综合服务设施或其他配套设施，优先用于补充便利店（社区超市）、家政服务、便民维修、快递配送等为本地居民服务的便民商业设施，还可结合居民意愿，补充养老、托幼、文化、体育、教育等公共服务设施。现状房屋归业主共有的，应当经参与表决专有部分面积四分之三以上的业主且参与表决人数四分之三以上的业主同意；现状房屋有明确产权人的，产权人应征求业主意见。现状房屋可由业主或产权人授权经营。

利用现状房屋和小区公共空间补充社区综合服务设施或其他配套设施的，在确保结构安全、消防安全的基础上，可临时改变建筑使用功能，暂不改变规划性质、土地权属，未经批准不得新建和扩建。临时改变建筑使用功能应遵循公共利益优先原则，由业主委员会（物业管理委员会）等业主自治组织长期监督。利用闲置地下室须遵照《关于印发〈北京市地下空间使用负面清单〉的通知》（京人防发〔2019〕136号）及住房城乡建设、消防等部门有关规定。

利用现状房屋和小区公共空间作为经营场所的，有关部门可依据规划自然资源部门出具的临时许可意见办理工商登记等经营许可手续。

（三）增加停车设施

1. 老旧小区设置停车设施应充分挖掘小区周边停车资源，由实施主体委托专业设计单位，在梳理周边停车资源、调研小区停车需求的基础上，结合片区停车综合改善方案，提出小区内的停车方式和停车规模。

2. 可利用小区内空地、拆违腾退用地等建设地面或地下停车设施。增设停车设施应取得业主大会同意，未成立业主大会的，街道办事处（乡镇政府）、居民委员会等应组织征求居民意见。

3. 参照《关于规范机械式和简易自走式立体停车设备安装及使用的若干意见》（京交运输发〔2014〕130号），利用小区自有用地设置机械式、简易自走式立体停车设备，按照机械设备安装管理，免予办理建设工程规划、用地、施工等手续。

4.建设地下停车设施，不新增建筑规模的，不办理规划、用地手续；新增建筑规模的，依规办理规划、用地手续。停车设施的产权原则上归全体业主，可委托实施主体或物业服务企业经营管理，首先满足小区业主停车需求。

5.增加停车设施原则上不得影响住宅现状日照时数，且满足结构安全、消防安全以及间距、绿化、环保等要求。停车设施对相邻建筑物有通风、采光、日照或噪声等影响的，实施主体应与利害关系人协商，取得其同意。

6.在确保结构安全、消防安全的基础上，鼓励停车设施与自行车棚、社区综合服务设施等复合利用。

四、工作流程

（一）确定主体

老旧住宅楼加装电梯的实施主体可以是房屋产权单位，也可以是业主委员会（物业管理委员会）等业主自治组织委托的房改售房单位、物业服务企业、电梯生产安装企业或社会投资企业。利用现状房屋和小区公共空间补充社区综合服务设施或其他配套设施，以及增加停车设施的实施主体可由业主委员会（物业管理委员会）等业主自治组织直接委托，也可在属地政府组织下通过公开方式确定。鼓励具有规划设计、改造施工、物业管理和后期运营能力的企业作为项目投资和实施主体。

（二）编制方案

实施主体会同街道办事处（乡镇政府）、责任规划师，按照《北京市居住公共服务设施配置指标》和《北京市居住公共服务设施配置指标实施意见》相关要求，对小区配套指标进行核算，根据小区实际情况和居民需求编制实施方案。利用现状房屋和小区公共空间补充社区综合服务设施或其他配套设施的，须明确各类房屋的使用功能。

（三）征求意见

街道办事处（乡镇政府）组织对老旧小区更新改造项目清单、引入社会资本涉及收费的加装电梯、增设停车设施等内容，以及物业服务标准、物业服务费用等征求居民意见，形成最终改造整治实施方案。居民同意物业服务标准及付费项目内容并签订相关协议后，相关内容方可实施。

（四）手续办理

不增加建筑规模的，可不办理规划手续；涉及增层、增加建筑规模，属于低风险工程建设项目的，按照本市低风险工程建设项目审批相关规定执行。

对利用现状房屋和小区公共空间补充社区综合服务设施或其他配套设施，涉及临时改变建筑使用功能的，由区规划自然资源部门结合实施主体提供的配套指标核算情况、实施方案、更新改造项目清单和街道（乡镇）、居民意见，出具临时许可意见。需办理施工、消防等手续的，实施主体持临时许可意见办理。

五、工作要求

（一）明确工作责任

各区政府是老旧小区更新改造的责任主体，负责统筹协调推进相关工作，及时研究工作中遇到的问题。各区政府应根据实际情况完善组织机构，建立工作机制，明确责任分工。市相关部门要加强指导，加大支持力度，做好服务保障。

（二）加强公众参与

各区要充分利用公共平台，加大政策宣传力度，提高居民参与度和工作透明度。实施过程中要广泛征求居民意见，充分调动街道（乡镇）、社区、居民自治组织、责任规划师、社会投资企业的积极性和主动性，共同参与解决实践中遇到的问题。

（三）创新工作模式

鼓励各区政府结合实际情况研究制定实施细则，优先选取具有代表性的老旧小区开展试点,大胆尝试,改革创新,积极探索老旧小区更新改造新模式,创造可复制、可推广的经验。

北京市规划和自然资源委员会
北京市住房和城乡建设委员会
北京市发展和改革委员会
北京市财政局
2021年4月9日

(2)政策解读:(官方)

一、文件出台的背景和目的是什么?

实施城市更新行动,是深入贯彻党的十九届五中全会和市委十二届十五次、十六次全会精神的重要举措,有利于完善城市功能,提升城市活力,保障改善民生,促进城市高质量发展。

为加快推进老旧小区更新改造,改善居民居住条件,补齐公共服务短板,提升小区环境品质,按照市委市政府工作部署,市规划自然资源委会同有关部门,研究制定了《关于老旧小区更新改造工作的意见》(简称《意见》),旨在为老旧小区更新改造提供规划、用地政策支撑,同时,也是对我市老旧小区综合整治系列政策文件的完善和补充。

二、《意见》的适用范围是什么?

《意见》适用于本市老旧小区内老旧住宅楼加装电梯、利用现状房屋和小区公共空间补充社区综合服务设施或其他配套设施、增加停车设施等更新改造项目。危旧楼房和简易楼改造涉及上述情况的可参照执行。

三、《意见》涉及的更新改造方式主要有哪些?

1. 老旧住宅楼加装电梯。按照《关于印发〈北京市老旧小区综合整治工作手册〉的通知》(京建发〔2020〕100号)有关规定和流程办理。

2.利用现状房屋和小区公共空间补充社区综合服务设施或其他配套设施。一是锅炉房(含煤场)。服务于区域的锅炉房等市政用地不得随意改变用地性质,应预留为应急用地,可临时用于物流、能源应急、停车等;服务于小区的锅炉房可根据居民意愿用作便民服务设施。二是自行车棚。现状绿地少、自行车棚多的小区,可拆除部分自行车棚,增加绿地面积,具体由业主共同决定。保留的自行车棚可补充社区综合服务设施,也可增建电动自行车停放充电设施。三是其他现状房屋。可利用小区门房、社区配套用房等现状房屋补充社区综合服务设施或其他配套设施,优先用于补充便利店(社区超市)、家政服务、便民维修、快递配送等为本地居民服务的便民商业设施,还可结合居民意愿,补充养老、托幼、文化、体育、教育等公共服务设施。

3.增加停车设施。老旧小区可利用小区内空地、拆违腾退用地等建设地面或地下停车设施。在确保结构安全、消防安全的基础上,鼓励停车设施与自行车棚、社区综合服务设施等复合利用。

四、更新改造过程中如何体现居民意愿?

1.利用现状房屋和小区公共空间补充社区综合服务设施或其他配套设施时,现状房屋归业主共有的,应当经参与表决专有部分面积四分之三以上的业主且参与表决人数四分之三以上的业主同意;现状房屋有明确产权人的,产权人应征求业主意见。

2.增设停车设施应取得业主大会同意,未成立业主大会的,街道办事处(乡镇政府)、居民委员会等应组织征求居民意见。

3.实施主体应在按照相关规定对小区配套指标进行核算的基础上,根据小区实际情况和居民需求编制实施方案。街道办事处(乡镇政府)组织对老旧小区更新改造项目清单、引入社会资本涉及收费的加装电梯、增设停车设施等内容,以及物业服务标准、物业服务费用等征求居民意见,形成最终改造整治实施方案。居民同意物业服务标准及付费项目内容并签订相关协议后,相关内容方可实施。

五、如何确定实施主体？

老旧住宅楼加装电梯的实施主体可以是房屋产权单位，也可以是业主委员会（物业管理委员会）等业主自治组织委托的房改售房单位、物业服务企业，电梯生产安装企业或社会投资企业。

利用现状房屋和小区公共空间补充社区综合服务设施或其他配套设施，以及增加停车设施的实施主体可由业主委员会（物业管理委员会）等业主自治组织直接委托，也可在属地政府组织下通过公开方式确定。

六、如何办理相关手续？

1. 不增加建筑规模的，可不办理规划手续；涉及增层、增加建筑规模，属于低风险工程建设项目的，按照本市低风险工程建设项目审批相关规定执行。

2. 加装电梯部分不计入楼房建筑面积，不变更原房屋权属信息，不办理立项、规划、用地和施工许可手续。

3. 对利用现状房屋和小区公共空间补充社区综合服务设施或其他配套设施，涉及临时改变建筑使用功能的，由区规划自然资源部门结合实施主体提供的配套指标核算情况、实施方案、更新改造项目清单和街道（乡镇）、居民意见，出具临时许可意见。需办理施工、消防等手续的，实施主体持临时许可意见办理。

4. 利用小区自有用地设置机械式、简易自走式立体停车设备，按照机械设备安装管理，免予办理建设工程规划、用地、施工等手续。

5. 建设地下停车设施，不新增建筑规模的，不办理规划、用地手续；新增建筑规模的，依规办理规划、用地手续。

3.《关于引入社会资本参与老旧小区改造的意见》

（1）政策原文：

关于印发《关于引入社会资本参与老旧小区改造的意见》的通知

京建发〔2021〕121号

各区人民政府、北京经济技术开发区管委会，市有关部门：

经市政府同意，现将《关于引入社会资本参与老旧小区改造的意见》印发给你们，请结合工作实际贯彻执行。

北京市住房和城乡建设委员会

北京市发展和改革委员会

北京市规划和自然资源委员会

北京市财政局

北京市人民政府国有资产监督管理委员会

北京市民政局

北京市地方金融监督管理局

北京市城市管理委员会

2021年4月22日

关于引入社会资本参与老旧小区改造的意见

根据国务院办公厅《关于全面推进城镇老旧小区改造工作的指导意见》和市委市政府工作部署，为构建政府与居民、社会力量合理共担改造资金的工作机制，逐步形成居民出一点、企业投一点、产权单位筹一点、补建设施收益一点、政府支持一点等"多个一点"资金分担方式，建立共同参与改造、共同治理社区、共同享受成果的老旧小

区改造良性循环新机制,本市将引入社会资本参与老旧小区改造,现提出如下意见:

一、多种方式引入社会资本参与

(一)社会资本可通过提供专业化物业服务方式参与。按照《北京市物业管理条例》的规定,经业主大会决定或物管会组织业主共同决定,业委会或物管会等业主组织通过招标等方式选定物业服务企业,物业服务企业参与老旧小区改造。小区已有物业服务企业的,经业主大会决定或物管会组织业主共同决定,依据居民提升物业服务水平和老旧小区改造的需求,业主组织重新与物业服务企业签订物业服务合同。

(二)社会资本可通过"改造＋运营＋物业"方式参与。在街道(乡镇)指导下,经业主大会决定或物管会组织业主共同决定,可以将小区共用部位的广告、停车等公共空间利用经营与物业服务打包,采用招标等方式选定社会资本,社会资本通过投资改造,获得小区公共空间和设施的经营权,提供物业服务和增值服务。

(三)社会资本可通过提供专业服务方式参与。业主组织或实施主体可通过招标或竞争性谈判选择养老、托育、家政、便民等专业服务企业投资改造或经营配套设施,提供专业服务。

(四)鼓励社会资本作为实施主体参与老旧小区改造。区政府可通过"投资＋设计＋施工＋运营"一体化招标确定老旧小区改造实施主体,既可作为单个小区的实施主体,也可通过区政府组织的大片区统筹、跨片区组合,作为多个小区及周边资源改造的统一实施主体。实施主体可与专业企业联合投标。

二、加大财税和金融支持

(一)社会资本参与老旧小区改造的,市级财政仍按照《关于老旧小区综合整治市区财政补助政策的函》(京财经二〔2019〕204号)等政策予以支持;同时,对符合条件的项目给予不超过5年、最高不超过2%的贷款贴息。区政府对符合要求的项目,可以申请发行老旧小区改造专项债。

（二）涉及基础设施改造的，市区发展改革部门按照《加快推进自备井置换和老旧小区内部供水管网改造工作方案》（京政办发〔2017〕31号）、《北京市老旧居民小区配网改造工作方案（2018—2022）》（京发改〔2018〕2952号）等有关规定予以支持。

（三）支持通过"先尝后买"方式引入专业化物业服务，各区政府可对引入的业主大会或会议认可的物业服务企业给予奖励补助。

（四）市区税务部门应按照《关于全面推进城镇老旧小区改造工作的指导意见》（国办发〔2020〕23号）等有关规定，落实专业经营单位和养老、托育、家政等服务机构的税费减免政策。

（五）鼓励金融机构参与投资市区政府设立的老旧小区改造等城市更新基金。支持社会资本开展类REITs、ABS等企业资产证券化业务。

（六）支持社会资本通过项目融资、公司融资等方式向开发性金融机构、商业银行等金融机构申请中长期贷款。支持社会资本利用财政补贴、政府实物注资、产权单位和居民出资等作为项目融资的资本金。

三、存量资源统筹利用

（一）业主共有的自行车棚、门卫室、普通地下室、物业管理用房、腾退空间，在街道（乡镇）指导下，经业主大会决定或物管会组织业主共同决定使用用途，统筹使用。

（二）区属行政事业单位所属配套设施，以及区属国有企业通过划拨方式取得的小区配套用房或区域性服务设施，经专业机构评估，可将所有权或一定期限的经营收益作为区政府老旧小区改造投入的回报。

（三）市、区属国有企业通过出让方式取得的配套用房，以及产权属于个人、民营企业和其他单位的配套用房，规划自然资源部门要加强用途管控，恢复原规划用途或按居民实际需要使用。区政府搭建平台，鼓励产权人授权实施主体统筹使用。

（四）上述存量资源授权社会资本改造运营的，授权双方应当签订书面协议，明确授权使用期限、使用用途、退出约束条件和违约责任等。国有资产的产权划转由区政府根据实际情况确定。

四、简化审批

（一）纳入老旧小区改造计划或完成相应投资决策审批的项目，即可在建设工程承发包招标平台或勘察设计招标平台进行一体化招标。

（二）社会资本经委托或授权取得的设施用房，在办理经营所需证照时，持区老旧小区综合整治联席会认定意见即可办理工商等相关证照，不需提供产权证明。

（三）供（排）水、供电、供气、供热等专业公司对社会资本运营的配套服务设施，给予缩短接入时间等支持措施，属于简易低风险工程附属水、电、气接入"三零服务"范围的，免于行政审批。

（四）土地规划有关支持政策，按照本市城市更新有关规定执行。

五、监督管理

各区要健全引入社会资本的监管制度，街道（乡镇）要对社会资本投资、改造和运营进行全过程监管。各区要建立评估机制，由街道（乡镇）聘请第三方定期对社会资本的服务情况进行评估，总结经验，持续改进和提升社会资本的服务质量。

社会资本违反合同约定，存在擅自改变使用用途、服务收费明显高于周边水平、服务质量差居民反映强烈等触及退出约束条件的，授权主体依据合同约定终止授权。

六、本意见自下发之日起实施。 意见执行过程中遇到的问题，请及时反馈。

4.《北京市老旧小区改造工作改革方案》

(1) 政策原文：

北京市人民政府办公厅关于印发《北京市老旧小区改造工作改革方案》的通知

京政办发〔2022〕28号

各区人民政府，市政府各委、办、局，各市属机构：

经市政府同意，现将《北京市老旧小区改造工作改革方案》印发给你们，请结合实际认真贯彻落实。

北京市人民政府办公厅
2022年11月9日

因篇幅有限，本条政策内容可至北京市人民政府门户网站查询。

(2) 政策解读：(来源：北京市人民政府网站)

《北京市老旧小区改造工作改革方案》，包含8个方面32条细则。《方案》提出，本市将全面开展老旧小区体检，深入做好群众工作，力争在2022年底前将需改造的老旧小区全部纳入改造项目储备库。

坚持"先治理、后改造"

创新以改建方式实施老旧小区改造的政策机制，可将老旧小区中危旧楼房集中连片、危旧楼房与平房交织，以及部分建设年代较早、建设标准不高，虽可通过加固方式改造但居民改建意愿强烈的项目纳入改建范围，实施改建带改造、解危带改造。改建项目应当不增加户数，可以利用地上、地下空间，适度改善居住条件，可以适当增加建筑面积，由区政府统筹用于补充社区配套短板或建设保障性租赁住房、公租房、共有产权房。

小区可补建公共服务设施

《方案》细化了老旧小区改造内容和标准。其中，基础类改造内容包含13项内容，例如楼本体节能改造、供水、排水、供气等老旧管线改造；完善类改造内容有11项，包括居民需求强烈的楼内上下水管线改造、加装电梯、安装电动自行车集中充电设施和消防设施等；提升类改造指引共12项，各小区可根据自身及周边实际条件，利用拆违腾退的空地和低效空间吸引社会资本参与补建养老、托育、体育、社区食堂、卫生防疫、便利店等公共服务设施。

其中，老楼加装电梯方面，《方案》提出将绘制全市老楼加装电梯地图，向社会公开，并进行动态管理；出台利益平衡指引，指导居民依法协商，促进达成共识；支持各区搭建加装电梯服务平台，提供一站式服务。

可提取公积金用于楼本体改造

对于老旧小区改造过程中实施市政基础设施改造、公共服务设施改造、公共安全设施改造、危旧楼房成套化改造的，增加的建筑规模计入各区建筑管控规模，可由各区单独备案统计，进行全区统筹。同时，创新规划管理措施，允许土地性质兼容和建筑功能混合。利用现状使用的车棚、门房以及闲置的锅炉房、煤棚（场）等房屋设施，改建便民服务设施，可依据规划自然资源部门出具的意见办理相关经营证照。

在老旧小区改造资金方面，《方案》也提出了住房公积金的支持政策，允许提取本人及其配偶名下的住房公积金，用于楼本体改造、加装电梯、危旧楼改建和交存专项维修资金；支持居民申请公积金贷款用于危旧楼改建，明确提取和贷款操作流程。

《方案》提出，本市将在具备条件的老旧小区试行物业服务"信托制"试点，即由小区全体业主作为委托人，将物业费、公共收益等作为共有基金委托给业委会管理，小区物业管理支出全部从基金账户中支取，由物业公司提供公开透明、质价相符的物业服务。

5.《关于开展老旧楼宇更新改造工作的意见》

（1）政策原文：

北京市规划和自然资源委员会　北京市住房和城乡建设委员会
北京市发展和改革委员会　北京市财政局
关于开展老旧楼宇更新改造工作的意见

京规自发〔2021〕140号

各区人民政府，市政府各委、办、局，各相关单位：

为推动老旧楼宇更新改造，完善城市功能，提升城市活力，促进产业升级，经市政府同意，提出如下意见：

一、适用范围

本意见适用于本市中心城区范围内以老办公楼、老商业设施为主的老旧楼宇（不包括居住类建筑）更新改造，其中涉及不可移动文物、历史建筑等除外。

中心城区以外各区可参照执行并制定实施细则；首都功能核心区、北京城市副中心可根据党中央、国务院批复的控制性详细规划（街区层面）单独制定实施细则。

二、工作原则

坚持规划引领，以城市总体规划、分区规划、街区控制性详细规划为依据，推动产业功能提质增效，提升楼宇品质和发展效益。坚持民生优先，着力补齐地区配套短板，完善公共服务设施，改善人居环境，提高人民生活满意度。坚持试点先行，由各区政府选取试点项目并组织实施，市相关部门给予政策支持。老旧楼宇更新后业态应符合《北京市新增产业的禁止和限制目录》和《建设项目规划使用性质正面和负面清单》。

三、具体内容

（一）确定实施主体

鼓励原产权单位（或产权人）作为实施主体进行自主更新；如产权关系复杂，按照《中华人民共和国民法典》规定，经参与表决专有部分面积四分之三以上的业主且参与表决人数四分之三以上的业主同意后，可依法授权委托产权单位（或产权人）作为实施主体。由原产权单位（或产权人）授权的运营主体，或由区政府委托的平台公司依法依规取得楼宇产权或运营权后，也可作为实施主体。

（二）编制实施方案

由实施主体编制老旧楼宇更新改造实施方案，明确更新范围、内容、方式、建筑规模及使用功能、土地取得方式、建设计划、资金筹措方式、运营管理等内容。实施方案应征求相关权利人意见，由责任规划师提供专业指导与技术服务并出具书面意见。根据项目更新后的使用功能，由相应的区行政主管部门牵头对实施方案进行审查，经区政府同意后实施。位于长安街沿线、中轴线沿线等重点地区或重要项目实施更新涉及首都规划重大事项的，按程序请示报告。

（三）审批手续办理

1. 不改变规划使用性质、不增加现状建筑面积，对现状合法建筑进行内外部装修、改造的，由实施主体向区住房城乡建设部门申请办理施工许可，无需办理规划审批手续。但重要大街、历史文化街区、市政府规定的特定地区的现有建筑物外部装修，需向规划自然资源部门申请对外立面设计核发规划许可。涉及相关权利人的，实施主体应在开工前征求相关权利人意见。

2. 不改变既有建筑结构，仅改变建筑使用功能的，由负责牵头审查实施方案的区行政主管部门出具意见后，有关部门可为经营主体办理工商登记等经营许可手续。

3. 涉及局部翻建、改建的，在实施方案经区政府同意后，由区相关部门办理备案、规划、用地和施工许可手续。翻建、改建的设计方案需进行结构安全论证,并进行必要的施工图审查,以确保工程安全。

4.老旧楼宇更新改造属于低风险工程建设项目的,按照本市低风险工程建设项目审批相关规定执行。

5.利用老旧楼宇改建租赁型职工集体宿舍的,按照《关于发展租赁型职工集体宿舍的意见(试行)》(京建法〔2018〕11号)执行。

6.老旧楼宇更新改造施工图审查按照《关于印发〈北京市房屋建筑工程施工图多审合一实施细则(暂行)〉的通知》(市规划国土发〔2018〕158号)执行。

7.老旧楼宇更新改造过程中涉及的建设工程消防设计审查验收工作,按照《建设工程消防设计审查验收管理暂行规定》(住房和城乡建设部令第51号)及《北京市既有建筑改造工程消防设计指南(试行)》相关规定执行。

8.翻建、改建项目如涉及文物保护单位保护范围及建设控制地带的,须按文物法律法规的规定履行报批手续。

(四)规划土地政策

1.功能混合与转换兼容。在同一建筑中允许不同功能用途相互混合,对可能带来的建筑规模、结构安全、消防安全、运营管理安全等影响,经区相关部门联合论证后,在没有明显不利影响且满足相关规范的条件下,可在商业、商务办公建筑内安排文化、体育、教育、医疗、社会福利、宿舍居住等功能。

2.建筑规模。既有建筑为解决安全、环保、便利等问题,可增设必要的消防楼梯、连廊、风道、无障碍设施、电梯等设施,增加的建筑规模不计入街区管控的总规模,各区应单独备案统计。

3.地下空间利用。在条件允许并符合本市地下空间利用管理要求的情况下,地下空间可进行多种用途的复合利用。地下空间平时用作市政公用、交通、公共服务、商业、仓储等用途,战时兼顾人民防空需要的,应按规定在相应设计方案中予以明确。地下空间使用功能应按照《关于印发〈北京市地下空间使用负面清单〉的通知》(京人防发

〔2019〕136号）要求进行准入管理。对充分利用地下空间，超过停车配建标准建设地下停车场，并作为公共停车场向社会开放的超配部分，符合规划的，可不计收土地价款。

4.供地方式。更新项目可按新的规划批准文件办理用地手续。其中，符合《划拨用地目录》的，可以划拨方式供地；不符合《划拨用地目录》的，可以协议方式办理用地手续，也可结合市场主体意愿，依法采取租赁、先租后让、租让结合、作价出资（入股）等方式办理用地手续，但法律、法规以及国有建设用地划拨决定书、有偿使用合同等明确应当收回土地使用权重新出让的除外。

5.土地价款缴纳。用地性质调整需补缴土地价款的，可分期缴纳，首次缴纳比例不低于50%，分期缴纳的最长期限不超过1年。土地价款全部缴清后，方可办理不动产登记。

6.土地年租制。根据市场主体意愿，采取租赁方式办理用地手续的，土地租金实行年租制，年租金根据有关地价评审规程核定。租赁期满后，可以续租，也可以协议方式办理用地手续。

7.作价出资（入股）。根据市场主体意愿，由政府指定部门作为出资人代表，对已取得划拨建设用地使用权的土地，可以作价出资（入股）经营性服务设施。作价出资（入股）部分不参与企业经营活动，不负担盈亏，确保土地资产保值。

8.老旧楼宇更新过程中，在不改变实施方案确定的使用功能情况下，经营性服务设施已取得的建设用地使用权可依法进行转让或出租，也可以建设用地使用权及地上建筑物、构筑物及其附属设施所有权等进行抵押融资。建设用地使用权及地上建筑物、构筑物及其附属设施所有权转让、出租、抵押实现后，应保障原有经营活动持续稳定，确保土地用途不改变、利益相关人权益不受损。

以划拨方式取得的建设用地使用权（含地上建筑物、构筑物及其附属设施）出租，按照本市建设用地使用权转让、出租、抵押二级市场有关规定收取政府土地收益。

四、工作要求

（一）稳步有序推进

各区应科学分析本区域老旧楼宇的现状、更新需求及存在问题，摸清底数，建立台账，逐年制定更新改造计划，有序推进，动态更新。要及时总结经验，完善工作机制，探索老旧楼宇更新的新模式新路径。

（二）加强功能引导和规划管控

各区应按照规划确定的街区主导功能，分区域明确功能调整导向，优化产业结构，补齐城市短板。要落实"减量双控四降"要求，对具备实施条件的，引导其逐步进行规模减量，在充分协商的前提下做到应降尽降、当减则减。

（三）简化审批流程

各区政府可结合本市优化营商环境相关要求，根据需要制定具体工作流程，针对不同更新改造类型适用不同的审批流程，做到尽量精简和压缩。

北京市规划和自然资源委员会

北京市住房和城乡建设委员会

北京市发展和改革委员会

北京市财政局

2021年4月21日

（2）政策解读：（官方）

一、文件出台的背景和目的是什么？

实施城市更新行动，是深入贯彻党的十九届五中全会和市委十二届十五次、十六次全会精神的重要举措，有利于完善城市功能，提升城市活力，保障改善民生，促进城市高质量发展。

为推动老旧楼宇更新改造，完善城市功能，提升城市活力，促进产业升级,按照市委市政府工作部署,市规划自然资源委员会同有关部门,研究制定了《关于开展老旧楼宇更新改造工作的意见》(简称《意见》),旨在为老旧楼宇更新改造提供实施路径和政策支撑。

二、《意见》的适用范围是什么?

《意见》适用于本市中心城区范围内以老办公楼、老商业设施为主的老旧楼宇(不包括居住类建筑)更新改造,其中涉及不可移动文物、历史建筑等除外。中心城区以外各区可参照执行并制定实施细则;首都功能核心区、北京城市副中心可根据党中央、国务院批复的控制性详细规划(街区层面)单独制定实施细则。

三、《意见》涉及的老旧楼宇更新改造包括哪些情形?

一是不改变规划使用性质、不增加现状建筑面积,对现状合法建筑进行内外部装修、改造。二是不改变既有建筑结构,仅改变建筑使用功能。三是进行局部翻建、改建。四是改建租赁型职工集体宿舍。

四、如何确定实施主体?

鼓励原产权单位(或产权人)作为实施主体进行自主更新;如产权关系复杂,按照《中华人民共和国民法典》规定,经参与表决专有部分面积四分之三以上的业主且参与表决人数四分之三以上的业主同意后,可依法授权委托产权单位(或产权人)作为实施主体。由原产权单位(或产权人)授权的运营主体,或由区政府委托的平台公司依法依规取得楼宇产权或运营权后,也可作为实施主体。

五、如何办理相关审批手续?

1.原则上更新项目相关审批手续由区级行政主管部门办理,各区政府可参照优化营商环境政策要求,进一步简化审批流程,压缩审批时间,提高审批效率。

2.《意见》对老旧楼宇内外部装修改造、局部翻建、改建、改变建筑使用功能等情形,分别明确了审批手续办理程序。其中,位于长安街沿线、中轴线沿线等重点地区或重要项目实施更新涉及首都规划重大事项的，按程序请示报告。属于低风险工程建设项目的，按照本市低风险工程建设项目审批程序办理。

3. 老旧厂房更新改造涉及的施工图审查、消防设计审查等，按照现行相关政策规定执行。

4. 利用老旧楼宇改建租赁型职工集体宿舍的，按照《关于发展租赁型职工集体宿舍的意见（试行）》（京建法〔2018〕11号）执行。

5. 翻建、改建项目如涉及文物保护单位保护范围及建设控制地带的，须按文物法律法规的规定履行报批手续。

六、老旧厂房更新改造的规划土地支持政策有哪些？

1. 功能混合与转换兼容。在同一建筑中允许不同功能用途相互混合，在没有明显不利影响且满足相关规范的条件下，可在商业、商务办公建筑内安排文化、体育、教育、医疗、社会福利、宿舍居住等功能。

2. 建筑规模。既有建筑为解决安全、环保、便利等问题，可增设必要的消防楼梯、连廊、风道、无障碍设施、电梯等设施，增加的建筑规模不计入街区管控的总规模，各区应单独备案统计。

3. 地下空间利用。在条件允许并符合本市地下空间利用管理要求的情况下，地下空间可进行多种用途的复合利用，平时可用作市政公用、交通、公共服务、商业、仓储等用途，战时兼顾人民防空需要。地下空间使用功能应按照《关于印发〈北京市地下空间使用负面清单〉的通知》（京人防发〔2019〕136号）要求进行准入管理。

对充分利用地下空间，超过停车配建标准建设地下停车场，并作为公共停车场向社会开放的超配部分，符合规划的，可不计收土地价款。

4. 供地方式。更新项目可按新的规划批准文件办理用地手续。其中，符合《划拨用地目录》的，可以划拨方式供地；不符合《划拨用地目录》的，可以协议方式办理用地手续，也可结合市场主体意愿，依法采取租赁、先租后让、租让结合、作价出资（入股）等方式办理用地手续，但法律、法规以及国有建设用地划拨决定书、有偿使用合同等明确应当收回土地使用权重新出让的除外。

5.土地价款缴纳。老旧楼宇用地性质调整需补缴土地价款的，可分期缴纳，首次缴纳比例不低于50%，分期缴纳的最长期限不超过1年。土地价款全部缴清后，方可办理不动产登记。

6.土地年租制。根据市场主体意愿，采取租赁方式办理用地手续的，土地租金实行年租制，年租金根据有关地价评审规程核定。租赁期满后，可以续租，也可以协议方式办理用地手续。

7.作价出资（入股）。根据市场主体意愿，由政府指定部门作为出资人代表，对已取得划拨建设用地使用权的土地，可以作价出资（入股）经营性服务设施。作价出资（入股）部分不参与企业经营活动，不负担盈亏，确保土地资产保值。

8.建设用地使用权转让、出租、抵押。在不改变实施方案确定的使用功能情况下，经营性服务设施已取得的建设用地使用权可依法进行转让或出租，也可以建设用地使用权及地上建筑物、构筑物及其附属设施所有权等进行抵押融资。

建设用地使用权及地上建筑物、构筑物及其附属设施所有权转让、出租、抵押实现后，应保障原有经营活动持续稳定，确保土地用途不改变、利益相关人权益不受损。

以划拨方式取得的建设用地使用权（含地上建筑物、构筑物及其附属设施）出租，按照本市建设用地使用权转让、出租、抵押二级市场有关规定收取政府土地收益。

6.《关于印发加强腾退空间和低效楼宇改造利用促进高精尖产业发展工作方案（试行）的通知》

（1）政策原文：

北京市发展和改革委员会关于印发加强腾退空间和低效楼宇改造利用促进高精尖产业发展工作方案（试行）的通知

京发改规〔2021〕1号

各相关单位：

为落实城市更新有关要求，推动腾退空间和低效楼宇改造升级，促进产业高质量发展，我委制定了《关于加强腾退空间和低效楼宇改造利用促进高精尖产业发展的工作方案（试行）》，现予以印发，请结合实际，认真贯彻落实。

特此通知。

北京市发展和改革委员会

2021年5月28日

北京市发展和改革委员会关于加强腾退空间和低效楼宇改造利用促进高精尖产业发展的工作方案（试行）

为落实城市更新有关要求，充分发挥政府投资引导作用，激发市场主体活力，推动腾退空间和低效楼宇改造利用升级、功能优化、提质增效，切实有效带动社会投资，进一步释放高精尖产业发展空间资源，促进产业高质量发展，根据本市城市更新相关文件及《关于推动减量发展若干激励政策措施》（京发改〔2019〕1863号）有关精神，特制定本试点工作方案。

一、基本原则

一是严格落实城市总体规划。以规划为标尺，加强引导和分类管控，高质量实施分区规划和控制性详细规划。

二是充分发挥市场主导作用。紧紧围绕高质量发展主题，发挥政府资金引导作用，有效调动市场主体积极性，鼓励引导各方力量参与，探索多元化改造升级模式。

三是加强改革创新。积极探索园区统筹更新改造方式，引导腾退低效楼宇和老旧厂房协同改造，打造产业园区更新组团，形成整体效应，同步推动审批模式创新。

四是坚持效果导向。优化空间结构布局，积极引进优质项目、优质企业，为高精尖产业落地提供空间资源供给，推进产业业态升级。

二、实施范围

在符合首都功能定位和规划前提下，鼓励项目实施单位通过自主、联营、租赁等方式对重点区域的腾退低效楼宇、老旧厂房等产业空间开展结构加固、绿色低碳改造、科技场景应用及内外部装修等投资改造，带动区域产业升级。市政府固定资产投资对于符合相关条件的项目给予支持。

（一）改造空间类型。1.腾退低效楼宇主要指整栋空置或正在使用但单位面积年区级税收低于200元/平方米，入驻率偏低的老办公楼、老商业设施等老旧楼宇，或现状功能定位、经营业态不符合城市发展功能需求的存量办公楼和商业设施。2.老旧厂房指由于疏解腾退、产业转型、功能调整以及不符合区域产业发展定位等原因，原生产无法继续实施的老旧工业厂房、仓储用房、特色工业遗址及相关存量设施。3.产业园区内配套基础设施。

（二）试点区域。先行在中心城区和城市副中心范围内开展。

（三）产业方向。改造后落地项目应当符合区域产业发展定位。重点支持以下业态：文化、金融、科技、商务、创新创业服务等现代服务业，新一代信息技术、先进制造等高精尖产业。

三、支持标准和资金拨付

（一）支持方式。分为投资补助和贷款贴息两种，对于符合条件的改造升级项目可以申请其中一种支持方式。

1. 投资补助。腾退低效楼宇改造项目，按照固定资产投资总额10%的比例安排市政府固定资产投资补助资金，最高不超过5000万元。老旧厂房改造和产业园区内配套基础设施改造项目，按照固定资产投资总额30%的比例安排市政府固定资产投资补助资金，最高不超过5000万元。

2. 贷款贴息。对于改造升级项目发生的银行贷款，可以按照基准利率给予不超过2年的贴息支持，总金额不超过5000万元。

（二）支持方向与申请条件。改造升级项目产权清晰、有明确项目意向及准入要求，项目建设方案中应当包含可再生能源应用可行性评价，并满足以下条件之一。

1. 规模化改造。建筑规模超过3000平方米，对于由同一实施主体开展的同一区域内零星空间改造，总体规模达到上述标准的，可以打捆申报。

2. 定制化改造。针对龙头企业、骨干企业或市政府确定的重点项目开展整体定制化改造，对重点企业、重大项目落地形成支撑的项目。

3. 整合改造。将原来分散产权的腾退低效楼宇、老旧厂房通过转让收购集中为单一产权主体，具有较强示范带动作用的项目。

4. 园区统筹改造。对实施主体单一、连片实施、改造需求较大的区域，整体更新区域内楼宇、老旧厂房等各类产业空间以及道路、绿化等基础设施，构成若干区域性、功能性突出的产业园区更新组团，加快形成整体连片效果的项目。

5. 绿色低碳循环化改造。对建筑本体、照明、空调和供热系统实施节能低碳改造，使用光伏、热泵等可再生能源，积极打造超低能耗建筑。高标准建设垃圾分类设施，充分利用雨水资源，为绿色技术创新提供应用场景。

（三）资金拨付。为更好发挥政府资金引导带动作用，突出推动高质量发展，固定资产投资补助资金分两批拨付。第一批为项目资金申请报告批复后，拨付补助资金总额的70%。第二批为项目交付后一年内，经评估符合以下条件中2条及以上的（其中第1条为必选项），拨付剩余30%资金。

1. 项目改造后综合节能率达到15%及以上。具备可再生能源利用条件的项目，应有不少于全部屋面水平投影40%的面积安装太阳能光伏，供暖采用地源、再生水或空气源热泵等方式。

2. 入驻企业符合引导产业方向，且腾退低效楼宇项目改造后入驻率不低于80%，老旧厂房项目改造后入驻率不低于70%。

3. 落地市级重大产业项目、引入行业龙头企业或区政府认定对产业发展具有重大示范带动效应。

（四）项目申报。市发展改革委定期组织相关区发展改革委开展项目征集和申报工作，原则上每年2次，统一征集、集中办理。

（五）已通过其他渠道获得过市级财政资金支持的项目，原则上不再予以支持。

四、服务管理

（一）强化市区协同支持。鼓励各区通过租金补贴等方式对于市固定资产投资支持的腾退低效产业空间改造升级项目予以协同支持。

（二）严格项目管理。

1. 各区政府要统筹区内腾退低效产业空间资源，聚焦高质量发展和绿色发展，按照政策引导方向，严把业态准入，对申报支持的项目提出具体意见。

2. 各区发展改革委应当结合实际，加强项目属地管理，做好本地区腾退低效产业空间改造升级项目验收和监督等工作。

3. 市发展改革委依法对项目建设及资金使用情况进行事中事后监管，适时组织开展绩效评价等工作。

4. 项目实施单位要严格按照规定使用市政府固定资产补助资金，

不得以政府资金分批拨付为由拖欠工程款及农民工工资。

（三）优化精准服务。各区发展改革委对腾退低效楼宇、老旧厂房等产业空间开展摸底和储备，建立资源台账和储备库。制定腾退低效产业空间招商地图，促进重大项目与空间资源精准匹配，加快项目对接落地。

（四）鼓励政策创新。各区政府结合本区实际改革创新，大胆尝试，探索腾退低效产业空间改造升级的新模式新路径。积极推动本市城市更新有关政策在区内对接落实，适应产业创新跨界融合发展趋势，探索建立灵活的产业空间管理机制，发展多层次、多样化的产业空间载体，支持实体经济发展。

（五）加强融资支持。鼓励金融机构创新服务，将腾退空间利用项目纳入授信审批快速通道，积极拓展贷款抵（质）押物范围，开发知识产权、应收账款等融资产品，支持腾退改造项目和高精尖产业发展。

（2）政策解读：（来源：北京市发展和改革委员会网站）

一、为什么出台《工作方案》？

为更好贯彻落实新发展理念，按照市委市政府城市更新工作有关要求，通过探索政策创新，充分发挥腾退空间和低效楼宇改造对产业高质量发展的支撑作用，形成政府和企业、社会共同推动的强大合力，实现利益共享、多方共赢的机制，更好服务首都发展，特制定《工作方案》。

二、《工作方案》的实施范围是什么？

此次先行在中心城区和城市副中心范围内开展试点。

三、主要支持对象有哪些？

主要支持腾退低效楼宇、老旧厂房以及产业园区内配套基础设施改造，用于发展文化、金融、科技、商务、创新创业服务等现代服务业，新一代信息技术、先进制造等高精尖产业以及现代服务业和高端制造业融合发展的新业态。

四、申报项目类型有哪几种？

一是规模化改造。建筑规模应超过 3000 平方米，且同一实施主体开展的同一区域内零星空间改造，达到上述标准也可打捆申报；

二是定制化改造。对龙头企业、骨干企业或市政府确定的重点项目开展整体定制化改造，对重点企业、重大项目落地形成支撑的项目；

三是整合改造。将原来分散产权的腾退低效楼宇、老旧厂房通过转让收购集中为单一产权主体开展改造的项目；

四是园区统筹改造。整体更新区域内楼宇、老旧厂房等各类产业空间以及道路、绿化等基础设施，构成若干区域性、功能性突出的产业园区更新组团的项目；

五是绿色低碳循环化改造。对建筑本体、照明、空调和供热系统实施节能低碳改造，使用可再生能源，积极打造超低能耗建筑。高标准建设垃圾分类设施，充分利用雨水资源，为绿色技术创新提供应用场景。

五、支持方式有哪些？支持的比例和额度是多少？

支持方式分为投资补助和贷款贴息两种，企业可自主选择其中一种申报。

投资补助支持：低效楼宇改造项目，按照固定资产投资总额 10% 的比例安排补助资金；老旧厂房改造和产业园区内配套基础设施改造项目，按照固定资产投资总额 30% 的比例安排补助资金。

贷款贴息支持：对于改造升级项目发生的银行贷款，可以按照基准利率给予不超过 2 年的贴息支持。

两种方式的资金支持上限均不超过 5000 万元。已通过其他渠道获取市级财政资金支持的项目，原则上不再予以支持。

六、申报流程是什么？申请材料具体需要哪些？

项目单位原则上应当在项目开工后、竣工前向所在区发展改革委提出资金支持申请，由区发展改革委对项目的真实性、合规性、基本建设条件、申报条件、申报材料等进行初审，征求区政府对项目建设的意见后向市发展改革委申报。市发展改革委对项目按程序进行审核和批复。

申报材料应当包含以下文件：项目属地区发展改革委出具的申请资金支持的请示及初审意见；项目立项文件；项目资金申请报告。

七、支持资金如何拨付？

固定资产投资补助资金将分两批拨付。第一批为项目资金申请报告批复后，拨付补助资金总额的70%。第二批为项目交付后一年内，经评估符合以下条件中2条及以上的（其中第1条必须符合），拨付剩余30%资金。

1. 项目改造后综合节能率达到15%及以上。具备可再生能源利用条件的项目，应当有不少于全部屋面水平投影40%的面积安装太阳能光伏，供暖采用地源、再生水或空气源热泵等方式。

2. 入驻企业符合引导产业方向，且改造后入驻率不低于80%。

3. 落地市级重大产业项目、引入行业龙头企业或区政府认定对产业发展具有重大示范带动效应。

八、补助资金为何采取两批拨付的方式？

资金分批拨付主要是想强化对项目实施的引导和约束作用，一方面强化绿色引导，鼓励项目实施单位在改造中同步开展绿色低碳循环化改造，实现减排降碳的目标；另一方面强化产业引导，把好产业准入关，为符合首都功能的高精尖产业发展提供有效的空间资源，实现产业高质量发展。

九、申报是否有时限和批次要求？

原则上每年2次，统一征集、集中办理。

7.《关于开展老旧厂房更新改造工作的意见》

（1）政策原文：

北京市规划和自然资源委员会　北京市住房和城乡建设委员会
北京市发展和改革委员会　北京市财政局
关于开展老旧厂房更新改造工作的意见

京规自发〔2021〕139号

各区人民政府，市政府各委、办、局，各相关单位：

为推动老旧厂房转型升级、功能优化和提质增效，促进存量资源集约高效利用，经市政府同意，提出如下意见：

一、适用范围

本意见适用于本市中心城区范围内老旧厂房的更新改造。本意见所称老旧厂房包括老旧工业厂房、仓储用房及相关工业设施。涉及不可移动文物、历史建筑等，按相关规定执行。

中心城区以外各区可参照执行并制定实施细则；首都功能核心区、北京城市副中心可根据党中央、国务院批复的控制性详细规划（街区层面）单独制定实施细则。

二、工作原则

坚持规划引领，以城市总体规划、分区规划、街区控制性详细规划为依据，按规划确定土地用途，促进老旧厂房功能调整，实现提质增效和高效利用。坚持公益优先，补充配套短板，完善城市功能，增加城市公共空间，促进留白增绿，提升环境品质和城市风貌。加强功能引导，老旧厂房更新后业态应符合街区功能定位，符合《北京市新增产业的禁止和限制目录》和《建设项目规划使用性质正面和负面清单》。

三、具体内容

（一）更新模式

五环路以内和北京城市副中心的老旧厂房可根据规划和实际需

要，引入产业创新项目，补齐城市功能短板；五环路以外其他区域的老旧厂房原则上用于发展高端制造业。

1. 优化中央政务功能。鼓励首都功能核心区内的老旧厂房依需调整为中央政务功能用房。

2. 产业转型升级。鼓励利用老旧厂房发展智能制造、科技创新等高精尖产业，发展新型基础设施、文化产业等符合街区主导功能定位的产业，不鼓励对原有厂房进行大拆大建。对于将高端制造业列为主导产业的区域，老旧厂房满足产业定位并且具备相应配套条件的，原则上优先发展高端制造项目。

3. 增加公共空间。结合街区控制性详细规划编制，加强老工业厂区更新功能引导，优先保障交通市政条件预留、"三大设施"设置、绿地及开放空间等需求。鼓励优化完善老工业厂区公共空间体系，通过加密路网打通街道微循环系统，对公共空间进行织补完善；鼓励通过用地置换的方式增加绿地、广场、应急避难场所等公共空间。

4. 补齐城市配套短板。鼓励利用老旧厂房补充文化体育、停车服务、医疗养老、便民服务、学前教育等公共服务设施。利用地下空间建设停车场、补充周边社区便民商业设施或公共服务设施的，应处理好地下空间出入口和用地内外空间的人流、车流衔接关系，避免干扰城市交通和公共空间的使用。

5. 发展经营性用途。在符合街区控制性详细规划、产业发展规划前提下，鼓励利用闲置工业厂房发展现代服务业或建设新型服务消费载体。为促进职住平衡，符合规划及建设项目规划使用性质正面清单的，也可改建租赁型职工集体宿舍等租赁住房。

（二）实施方式

1. 自主更新。在符合街区功能定位和规划前提下，鼓励原产权单位（或产权人）通过自主、联营等方式对老旧厂房进行更新改造、转型升级。可成立多元主体参与的平台公司，原产权单位（或产权人）按原使用条件通过土地作价（入股）的形式参与更新改造，由平台公司作为项目实施主体，按规划要求推进老旧厂房更新，对设施、业态进行统筹利用和管理。

2. 政府收储。根据实施规划需要，涉及区域整体功能调整的，统一由政府收储，按照规划用途重新进行土地资源配置，由新的使用权人按照规划落实相应功能。可给予原产权单位（或产权人）异地置换相应指标。

（三）确定实施主体

单独产权单位（或产权人）的更新项目，原产权单位（或产权人）可作为实施主体，由原产权单位（或产权人）授权的运营主体也可作为实施主体。如产权关系复杂，按照《中华人民共和国民法典》规定，经参与表决专有部分面积四分之三以上的业主且参与表决人数四分之三以上的业主同意后，可依法授权委托确定实施主体。市属国有企业老旧厂房更新改造的实施主体由市国资委确定，区属国有企业老旧厂房更新改造的实施主体由区政府确定。

（四）编制实施方案

由实施主体编制老旧厂房更新改造实施方案，明确更新范围、内容、方式、建筑规模及使用功能、土地取得方式、建设计划、资金筹措方式、运营管理等内容。实施方案应征求相关权利人意见，由责任规划师提供专业指导与技术服务并出具书面意见。根据项目更新后的使用功能，由相应的区行政主管部门牵头对实施方案进行审查，经区政府同意后实施。重点地区或重要项目实施更新涉及首都规划重大事项的，按程序请示报告。

（五）审批手续办理

1. 不改变规划使用性质、不增加现状建筑面积，对现状合法建筑进行内外部装修、改造的，由实施主体向区住房城乡建设部门申请办理施工许可，无需办理规划审批手续。但重要大街、历史文化街区、市政府规定的特定地区的现有建筑物外部装修，需向规划自然资源部门申请对外立面设计核发规划许可。涉及相关权利人的，实施主体应在开工前征求相关权利人意见。

2. 不改变规划使用性质，涉及局部翻建、改建、扩建的，由实施主体向区发展改革部门申请办理备案手续，向区规划自然资源部门申请前期研究及办理建设工程规划许可、用地等手续，向区住房城乡建设部门申请办理施工许可手续；建设工程竣工后，向区住房城乡建设部门申请竣工联合验收。

3. 改变规划使用性质的，按以下程序办理：

（1）实施主体将实施方案上报"多规合一"平台，区相关部门通过"多规合一"平台形成初审意见。其中，区产业主管部门应对调整后的功能业态提出指导和认定意见；区规划自然资源部门对调整后的建筑使用功能、建筑规模和风貌提出指导和认定意见；重要项目应通过区政府专题会进行审定，出具区政府专题会议纪要后核发初审意见。

（2）实施主体按照初审意见深化实施方案，区相关部门经"多规合一"平台研究后出具会商意见。

（3）实施主体根据会商意见修改完善实施方案，经区政府同意后，向区相关部门申请办理备案、规划许可、用地、施工许可等手续。

（4）建设工程竣工后，实施主体向区住房城乡建设部门申请竣工联合验收。

4. 老旧厂房更新改造属于低风险工程建设项目的，按照本市低风险工程建设项目审批相关规定执行。

5. 利用老旧厂房改建租赁型职工集体宿舍的，按照《关于发展租赁型职工集体宿舍的意见（试行）》（京建法〔2018〕11号）执行。

6. 老旧厂房更新改造施工图审查按照《关于印发〈北京市房屋建筑工程施工图多审合一实施细则（暂行）〉的通知》（市规划国土发〔2018〕158号）执行。

7. 老旧厂房更新改造过程中涉及的建设工程消防设计审查验收工作，按照《建设工程消防设计审查验收管理暂行规定》（住房和城乡建设部令第 51 号）及《北京市既有建筑改造工程消防设计指南（试行）》相关规定执行。

（六）工业构筑物改造利用

工业构筑物改造利用试点项目按以下流程办理：

1. 编制方案。实施主体负责编制工业构筑物改造利用方案，确定改造后使用功能，向区发展改革部门申请备案、向区规划自然资源部门申请对外立面设计和夜景照明方案进行审核后，深化设计工作。

2. 施工图审核。实施主体依法依规编制施工图设计文件，委托第三方进行图纸联审并出具咨询意见，实施主体按照咨询意见修改施工图设计文件。对于超出现行建筑物规范和标准的，应组织专家对性能化设计方案进行审查，明确相关技术要求，并按要求进一步修改施工图设计文件。

3. 企业承诺。实施主体将工程建设承诺书、施工图设计文件，相关咨询意见和技术要求等材料报送区住房城乡建设部门，申请办理施工告知单后，依法依规组织施工。

4. 过程监管。区住房城乡建设部门重点对消防和质量安全进行监管。

5. 竣工验收。项目完工后，实施主体组织开展四方验收，委托第三方进行消防专项验收合格后，由区住房城乡建设部门出具消防专项验收完成通知单。

6. 投入使用。实施主体持四方验收单、项目备案表、施工告知单和消防专项验收完成通知单申请办理相关经营证照后，改造构筑物投入使用。

（七）规划土地政策

1. 建筑规模。对于存量保留项目，要深入挖潜可再利用资源，鼓励引导将现状低效空间直接转换使用功能，实现建筑规模"零增长"下的内涵转换和功能提升。为解决安全、环保、便利等问题，或根据产业升级以及完善区域配套需求，可配建不超过地上总建筑规模15%

的配套服务设施，其设计方案需进行结构安全论证，配套服务设施按照主用途管理。对于增加的建筑规模指标，可在保持区级建筑规模总量稳定的前提下，由区政府统筹研究指标转移路径及办法。

2. 供地方式。涉及改建、扩建或改变规划使用性质的更新项目，可按新的规划批准文件办理用地手续。其中，符合《划拨用地目录》的，可以划拨方式供地；不符合《划拨用地目录》的，可以协议方式办理用地手续，也可结合市场主体意愿，依法采取租赁、先租后让、租让结合、作价出资（入股）等方式办理用地手续，但法律法规以及国有建设用地划拨决定书、有偿使用合同等明确应当收回土地使用权重新出让的除外。

代建公共服务设施用房并将产权移交政府所属部门或相关单位的部分，按划拨方式办理用地手续。

3. 过渡期政策。利用老旧厂房发展5G、人工智能、大数据、工业互联网、物联网等新型基础设施，以及国家鼓励和支持的新产业、新业态的，在符合控制性详细规划且不改变用地主体的条件下，由区投资或相关行业主管部门提供项目符合条件证明文件，由区规划自然资源部门出具允许临时变更建筑使用功能以及实施改造建设的相关意见后，可在5年内实行继续按原用途和土地权利类型使用土地的过渡期政策。过渡期从建设单位取得建筑工程施工许可证之日起计算；不需要办理建筑工程施工许可证的，从规划自然资源部门出具意见之日起计算。

区规划自然资源部门应当做好过渡期起算时点和时间跨度的备案管理，备案工作完成后，应将相关信息及时通知存量房产、土地资源使用方。过渡期满前90天，应当通知存量房产、土地资源使用方，了解其继续使用房产、土地资源的意愿并做好政策服务。过渡期满及涉及转让的，应按新用途、新权利类型办理相关用地手续。

4. 土地价款缴纳。在符合规划、不改变用途的前提下，现有工业用地提高土地利用率和增加容积率的，不再增收土地价款。老旧厂房用地性质调整需补缴土地价款的,可分期缴纳,首次缴纳比例不低于50%,分期缴纳的最长期限不超过1年。土地价款全部缴清后,方可办理不动产登记。

5. 土地年租制。根据市场主体意愿,采取租赁方式办理用地手续的,土地租金实行年租制,年租金根据有关地价评审规程核定。租赁期满后,可以续租,也可以协议方式办理用地手续。

6. 作价出资(入股)。根据市场主体意愿,由政府指定部门作为出资人代表,对已取得划拨建设用地使用权的土地,可以作价出资(入股)经营性服务设施。作价出资(入股)部分不参与企业经营活动,不负担盈亏,确保土地资产保值。

7. 老旧厂房更新改造过程中,在不改变实施方案确定的使用功能情况下,经营性服务设施已取得的建设用地使用权可依法进行转让或出租,也可以建设用地使用权及地上建筑物、构筑物及其附属设施所有权等进行抵押融资。建设用地使用权及地上建筑物、构筑物及其附属设施所有权转让、出租、抵押实现后,应保障原有经营活动持续稳定,确保土地用途不改变、利益相关人权益不受损。

以划拨方式取得的建设用地使用权(含地上建筑物、构筑物及其附属设施)出租,按照本市建设用地使用权转让、出租、抵押二级市场有关规定收取政府土地收益。

(八)与相关政策的衔接

1. 市管企业及其所属各级国有及国有控股企业对老旧厂房更新利用的,依照《关于印发〈关于加强市属国企土地管理和统筹利用的实施意见〉的通知》(京国资发〔2020〕4号)执行。

2. 利用老旧厂房拓展文化空间的,依照《关于印发〈保护利用老旧厂房拓展文化空间项目管理办法(试行)〉及试点项目清单的通知》(京文领办发〔2019〕5号)执行。

3. 翻建、改建、扩建项目如涉及文物保护单位保护范围及建设控制地带的,须按文物法律法规的规定履行报批手续。

四、工作要求

(一) 科学规划，有序推进

各区政府应依据城乡规划、本区产业功能定位和产业链发展需要，划定工业用地保护红线，保留一定数量的工业用地。各区要对本区老旧厂房现状进行摸底调查，建立老旧厂房更新台账，结合落实街区控规，科学制定工作计划，有序推进老旧厂房更新工作。各区要明确老旧厂房改造利用业态准入标准，建立老旧厂房改造利用项目审核评估机制，对老旧厂房改造利用要审慎严谨，在合理评估基础上，充分征求科技、产业等相关部门意见，优先用于发展符合首都功能定位的高精尖产业和现代制造业，防止房地产化。

(二) 统筹协调，全程监管

各区应建立工作机制，明确责任分工，协调相关部门，研究解决老旧厂房更新改造中遇到的问题。各区要建立老旧厂房更新改造项目前期审核、中期监督、后期评估、全程监管的全生命周期管理模式，促进土地资源集约高效利用。

(三) 创新方式，先行先试

鼓励各区结合实际改革创新，大胆尝试，优先选取具有代表性的老旧厂房更新改造项目开展试点，创造可复制、可推广的经验。各区要创新工作流程，优化审批程序，加快手续办理，积极探索老旧厂房更新的新模式。

北京市规划和自然资源委员会

北京市住房和城乡建设委员会

北京市发展和改革委员会

北京市财政局

2021 年 4 月 21 日

（2）政策解读：（来源：北京市人民政府网站）

一、文件出台的背景和目的是什么？

实施城市更新行动，是深入贯彻党的十九届五中全会和市委十二届十五次、十六次全会精神的重要举措，有利于完善城市功能，提升城市活力，保障改善民生，促进城市高质量发展。

为推动老旧厂房转型升级、功能优化和提质增效，促进存量资源集约高效利用，按照市委市政府工作部署，市规划自然资源委会同有关部门，研究制定了《关于开展老旧厂房更新改造工作的意见》（简称《意见》），旨在为老旧厂房更新改造提供实施路径和政策支撑。

二、《意见》的适用范围是什么？

《意见》适用于本市中心城区范围内老旧厂房的更新改造。中心城区以外各区可参照执行并制定实施细则；首都功能核心区、北京城市副中心可根据党中央、国务院批复的控制性详细规划（街区层面）单独制定实施细则。

本意见所称老旧厂房包括老旧工业厂房、仓储用房及相关工业设施。涉及不可移动文物、历史建筑等，按相关规定执行。

三、老旧厂房更新改造的主要模式有哪些？

1. 优化中央政务功能。鼓励首都功能核心区内的老旧厂房依需调整为中央政务功能用房。

2. 产业转型升级。鼓励利用老旧厂房发展智能制造、科技创新等高精尖产业，发展新型基础设施、文化产业等符合街区主导功能定位的产业，不鼓励对原有厂房进行大拆大建。对于将高端制造业列为主导产业的区域，老旧厂房满足产业定位并且具备相应配套条件的，原则上优先发展高端制造项目。

3. 增加公共空间。加强老工业厂区更新功能引导，优先保障交通市政条件预留、"三大设施"设置、绿地及开放空间等需求。鼓励优化完善老工业厂区公共空间体系，通过加密路网打通街道微循环系统,对公共空间进行织补完善;鼓励通过用地置换的方式增加绿地、广场、应急避难场所等公共空间。

4. 补充城市配套短板。鼓励利用老旧厂房补充文化体育、停车服务、医疗养老、便民服务、学前教育等公共服务设施。

5. 发展经营性用途。在符合街区控制性详细规划、产业发展规划前提下,鼓励利用闲置工业厂房发展现代服务业或建设新型服务消费载体。为促进职住平衡,符合规划及建设项目规划使用性质正面清单的,也可改建租赁型职工集体宿舍等租赁住房。

四、老旧厂房更新改造的实施方式是什么?

1. 自主更新。在符合街区功能定位和规划前提下,鼓励原产权单位(或产权人)通过自主、联营等方式对老旧厂房进行更新改造、转型升级。

单独产权单位(或产权人)的更新项目,原产权单位(或产权人)可作为实施主体,也可成立多元主体参与的平台公司,原产权人按原使用条件通过土地作价(入股)的形式参与更新改造,由平台公司作为项目实施主体。由产权单位(或产权人)授权的运营主体也可作为实施主体。如产权关系复杂,按照《中华人民共和国民法典》规定,经参与表决专有部分面积四分之三以上的业主且参与表决人数四分之三以上的业主同意后,可依法授权委托确定实施主体。

2. 政府收储。根据实施规划需要,涉及区域整体功能调整的,统一由政府收储,按照规划用途重新进行土地资源配置,由新的使用权人按照规划落实相应功能。可给予原产权单位(或产权人)异地置换相应指标。

五、如何办理相关审批手续?

1. 原则上更新项目相关审批手续由区级行政主管部门办理,各区政府可参照优化营商环境政策要求,进一步简化审批流程,压缩审批时间,提高审批效率。重点地区或重要项目实施更新涉及首都规划重大事项的,按程序请示报告。

2.《意见》对老旧厂房内外部装修改造、局部翻建、改建、扩建、改变规划使用性质,以及工业构筑物改造利用等情形,分别明确了审批手续办理程序。其中,属于低风险工程建设项目的,按照本市低风险工程建设项目审批程序办理。

3.老旧厂房更新改造涉及的施工图审查、消防设计审查等,按照现行相关政策规定执行。

4.利用老旧厂房拓展文化空间、改建租赁型职工集体宿舍,以及国有控股企业老旧厂房更新利用,应与相关政策有效衔接。翻建、改建、扩建项目如涉及文物保护单位保护范围及建设控制地带的,须按文物法律法规的规定履行报批手续。

六、老旧厂房更新改造的规划土地支持政策有哪些?

1.建筑规模。鼓励引导将现状低效空间直接转换使用功能,实现建筑规模"零增长"下的内涵转换和功能提升。为解决安全、环保、便利等问题,或根据产业升级以及完善区域配套需求,可配建不超过地上总建筑规模15%的配套服务设施,其设计方案需进行结构安全论证,配套服务设施按照主用途管理。对于增加的建筑规模指标,可在保持区级建筑规模总量稳定的前提下,由区政府统筹研究指标转移路径及办法。

2.供地方式。涉及改建、扩建或改变规划使用性质的更新项目,可按新的规划批准文件办理用地手续。其中,符合《划拨用地目录》的,可以划拨方式供地;不符合《划拨用地目录》的,可以协议方式办理用地手续,也可结合市场主体意愿,依法采取租赁、先租后让、租让结合、作价出资(入股)等方式办理用地手续,但法律法规以及国有建设用地划拨决定书、有偿使用合同等明确应当收回土地使用权重新出让的除外。代建公共服务设施用房并将产权移交政府所属部门或相关单位的部分,按划拨方式办理用地手续。

3.过渡期政策。利用老旧厂房发展5G、人工智能、大数据、工业互联网、物联网等新型基础设施,以及国家鼓励和支持的新产业、新业态的，在符合控制性详细规划且不改变用地主体的条件下，由区投资或相关行业主管部门提供项目符合条件证明文件，由区规划自然资源部门出具允许临时变更建筑使用功能以及实施改造建设的相关意见后，可在5年内实行继续按原用途和土地权利类型使用土地的过渡期政策。过渡期从建设单位取得建筑工程施工许可证之日起计算；不需要办理建筑工程施工许可证的，从规划自然资源部门出具意见之日起计算。过渡期满及涉及转让的，应按新用途、新权利类型办理相关用地手续。

4. 土地价款缴纳。在符合规划、不改变用途的前提下，现有工业用地提高土地利用率和增加容积率的，不再增收土地价款。老旧厂房用地性质调整需补缴土地价款的，可分期缴纳，首次缴纳比例不低于50%，分期缴纳的最长期限不超过1年。土地价款全部缴清后，方可办理不动产登记。

5. 土地年租制。根据市场主体意愿，采取租赁方式办理用地手续的，土地租金实行年租制，年租金根据有关地价评审规程核定。租赁期满后，可以续租，也可以协议方式办理用地手续。

6. 作价出资（入股）。根据市场主体意愿，由政府指定部门作为出资人代表，对已取得划拨建设用地使用权的土地，可以作价出资（入股）经营性服务设施。作价出资（入股）部分不参与企业经营活动，不负担盈亏，确保土地资产保值。

7. 建设用地使用权转让、出租、抵押。在不改变实施方案确定的使用功能情况下，经营性服务设施已取得的建设用地使用权可依法进行转让或出租，也可以建设用地使用权及地上建筑物、构筑物及其附属设施所有权等进行抵押融资。

建设用地使用权及地上建筑物、构筑物及其附属设施所有权转让、出租、抵押实现后，应保障原有经营活动持续稳定，确保土地用途不改变、利益相关人权益不受损。

以划拨方式取得的建设用地使用权（含地上建筑物、构筑物及其附属设施）出租，按照本市建设用地使用权转让、出租、抵押二级市场有关规定收取政府土地收益。

七、老旧厂房更新改造的工作要求有哪些？

1. 老旧厂房更新后业态应符合街区功能定位，符合《北京市新增产业的禁止和限制目录》和《建设项目规划使用性质正面和负面清单》。

2. 五环路以内和北京城市副中心的老旧厂房可根据规划和实际需要，引入产业创新项目，补齐城市功能短板；五环路以外其他区域的老旧厂房原则上用于发展高端制造业。

3. 各区政府应依据城乡规划、本区产业功能定位和产业链发展需要，划定工业用地保护红线，保留一定数量的工业用地。

4. 各区要明确老旧厂房改造利用业态准入标准，建立老旧厂房改造利用项目审核评估机制，对老旧厂房改造利用要审慎严谨，在合理评估基础上，充分征求科技、产业等相关部门意见，优先用于发展符合首都功能定位的高精尖产业和现代制造业，防止房地产化。

5. 各区应建立老旧厂房更新改造项目前期审核、中期监督、后期评估、全程监管的全生命周期管理模式，促进土地资源集约高效利用。

8.《关于促进本市老旧厂房更新利用的若干措施》

（1）政策原文：

北京市经济和信息化局关于印发《关于促进本市老旧厂房更新利用的若干措施》的通知

京经信发〔2022〕68号

各相关单位：

为全面落实《北京市人民政府办公厅关于实施城市更新行动的指导意见》（京政发〔2021〕10号）、《中共北京市委办公厅 北京市人民政府办公厅关于印发〈北京市城市更新行动计划(2021—2025年)〉的通知》(京办发〔2021〕20号)要求，推进全市老旧厂房转型利用和提质升级，加快"以产促城，产城并进"，实现以存量空间资源支撑增量产业发展，特制定本措施，现印发给你们，请遵照执行。

特此通知。

北京市经济和信息化局
2022 年 8 月 26 日

北京市经济和信息化局关于促进本市老旧厂房更新利用的若干措施

为全面落实《北京市人民政府办公厅关于实施城市更新行动的指导意见》(京政发〔2021〕10号)、《中共北京市委办公厅 北京市人民政府办公厅关于印发〈北京市城市更新行动计划(2021—2025年)〉的通知》(京办发〔2021〕20号)要求，推进全市老旧厂房转型利用和提质升级，加快"以产促城，产城并进"，实现以存量空间资源支撑增量产业发展，特制定本措施。

本措施所指老旧厂房指全市范围由于疏解腾退、产业转型、功能调整以及不符合区域产业发展定位等原因，原生产无法继续实施，且被纳入《北京市老旧厂房改造再利用台账》的老旧工业厂房、仓储用房、特色工业遗址等相关存量空间及设施。对已获得市级其他财政资金支持的项目，不再重复支持。

一、加大项目统筹谋划力度

(一)全面加强老旧厂房统筹管理。各区要参照本辖区高精尖产业入区标准，全面梳理工业腾退空间和闲置、低效老旧厂房地块和项目情况，形成底账清单并动态更新管理，按季度报送市经济和信息化局，汇总形成《北京市老旧厂房改造再利用台账》。对于实施老旧厂房更新利用且总投资达 3000 万元（含）以上的项目，原则上应纳入市高精尖产业项目库；享受本措施支持的项目也应纳入高精尖产业项目库。

（二）加大老旧厂房重点项目谋划。各区要结合区域土地空间规划和高精尖产业发展规划，积极挖掘老旧厂房空间资源，强化市区资源协同，吸引重大、示范性先进制造业项目落地；要按照"清单化管理、项目化推进"原则，有序推动老旧厂房改造重点项目如期完成。

二、支持老旧厂房空间升级改造

（三）推动腾退空间改造利用升级。在符合首都功能定位和规划的前提下，鼓励通过自主、联营、租赁等方式对老旧厂房等产业空间开展结构加固、绿色低碳改造、科技场景打造及内外部装修等投资改造，实现功能优化、提质增效，进一步释放高精尖产业发展空间资源，带动区域产业升级。对于建筑规模超过 3000 平方米，资源配置效率显著提升、产业引领性强的重点项目，按照现行政策予以支持，单个项目支持金额最高不超过 5000 万元。

（四）统筹区域综合性更新。鼓励结合周边资源利用老旧厂房建设定位清晰、功能突出、辐射带动强的科技园区，带动周边区域创新发展。各区在推动老旧厂房更新时，应当同步梳理周边地区功能及配套设施短板，与周边老旧楼宇与传统商圈、低效产业园区等统筹规划。为了满足安全、环保、无障碍标准等要求，增设必要的楼梯、风道、无障碍设施、电梯、外墙保温等附属设施和室外开敞性公共空间的，增加的建筑规模可不计入各区建筑管控规模，由各区单独备案统计；根据产业升级以及完善区域配套需求，可配建不超过地上总建筑规模 15% 的配套服务设施，在符合规范要求、保障安全的基础上，经依法批准后可合理利用厂房空间进行加层改造，设计方案需进行结构安全论证，配套服务设施按照主用途管理。对于增加的建筑规模指标，可在保持区级建筑规模总量稳定的前提下，由区政府统筹研究指标转移路径及办法。

三、引导利用老旧厂房支持高精尖产业发展

（五）积极鼓励发展先进制造业。鼓励在京企业在不改变工业用地性质的前提下利用工业腾退空间、老旧厂房开展先进制造业项目建设。对于纳入《北京市老旧厂房改造再利用台账》、建设期不超过3年、固定资产投资不低于500万元的竣工项目，将于竣工后按照总投资额的20%予以奖励，单个项目奖励最高不超过3000万元；对于采用融资租赁方式租赁研发、建设、生产环节中需要的关键设备和产线的，按照不超过5%费率分年度补贴，最高不超过3年，单个企业年度补贴金额不超过1000万元。

（六）支持新型基础设施建设。鼓励利用老旧厂房建设新型网络设施、数据智能设施、生态系统设施、智慧应用设施等新型基础设施项目，利用资金、场景等多种方式，加大项目谋划和建设力度、支持创新攻关和新主体新平台培育、加强全生命周期关键节点的差异化支持，具体按照《关于促进本市新型基础设施投资中新技术新产品推广应用的若干措施》予以实施。

（七）支持创新主体中试线项目建设。鼓励社会资本利用老旧厂房开展以一致性测试、小批量生产为目标的中试线建设，鼓励国家级和市级产业创新中心、企业技术中心，自建或联合科研院校开展以规模化生产、测试验证生产工艺成熟度和工程实现可行性为目的的中试线建设。对符合条件的项目按照不超过项目固定资产投资额的30%给予奖励，单个项目奖励金额最高不超过3000万元。

（八）支持专精特新企业集聚发展。鼓励各区围绕主导产业方向和企业发展需求，充分利用老旧厂房空间资源，打造一批"专精特新"特色园区。积极鼓励园区建设中试打样和共享制造等产业支撑平台，吸引"专精特新"企业入驻，对于入驻的"专精特新"企业使用面积占园区入驻企业总使用面积比例超20%的特色园区，对该类项目按实际建设投入给予最高500万元资金补助，并根据服务绩效给予最高100万元奖励。

四、拓展投融资渠道支持老旧厂房更新改造

（九）加大政府投资引导力度。对于纳入城市更新计划的老旧厂房更新改造项目，依法享受行政事业性收费减免，相关纳税人依法享受税收优惠政策。鼓励各区研究出台配套政策，引导社会资本对闲置、低效老旧厂房进行更新改造；对于无法更新改造的工业腾退空间和闲置、低效老旧厂房，提倡各区通过收储回购等方式盘活利用。

（十）鼓励和引导多元资本参与。加强政府统筹和引导，注重发挥市场机制作用，探索政银企三方合作模式，积极吸引社会资本参与老旧厂房更新改造项目。鼓励社会主体通过依法发行企业债券等方式，筹集老旧厂房更新改造资金。支持政策性银行、商业银行等研发推广城市更新专项贷款，为承担城市更新投融资、建设和运营管理的实施主体提供中长期授信。鼓励金融机构依法开展多样化金融产品和服务创新，有效盘活老旧厂房更新利用项目资产，研发推出 REITs 等相关的金融产品。

本措施自发布之日起实施，在 2022—2025 年内有效。

（2）政策解读：(北京日报，并被政府转载 www.gov.cn/xinwen/2022-08/29/content_5707249.htm)

本市引导利用老旧厂房支持高精尖产业发展，积极鼓励发展先进制造业，鼓励在京企业在不改变工业用地性质的前提下利用工业腾退空间、老旧厂房开展先进制造业项目建设，符合条件的单个项目最高奖励 3000 万元。

可以享受这份文件支持举措的"老旧厂房"，是指全市范围内由于疏解腾退、产业转型、功能调整以及不符合区域产业发展定位等原因，原生产无法继续实施，且被纳入《北京市老旧厂房改造再利用台账》的老旧工业厂房、仓储用房、特色工业遗址等相关存量空间及设施。

增设必要的楼梯、风道、无障碍设施、电梯、外墙保温等附属设施和室外开敞性公共空间的,增加的建筑规模可不计入各区建筑管控规模;根据产业升级以及完善区域配套需求,可配建不超过地上总建筑规模15%的配套服务设施,在符合规范要求、保障安全的基础上,经依法批准后可合理利用厂房空间进行加层改造,设计方案需进行结构安全论证,配套服务设施按照主用途管理。

对于纳入《北京市老旧厂房改造再利用台账》、建设期不超过3年、固定资产投资不低于500万元的先进制造业项目,将于竣工后按照总投资额的20%予以奖励,单个项目奖励最高不超过3000万元;对于采用融资租赁方式租赁研发、建设、生产环节中需要的关键设备和产线的,按照不超过5%费率分年度补贴,最高不超过3年,单个企业年度补贴金额不超过1000万元。

同时,本市也鼓励利用老旧厂房建设新型网络设施、数据智能设施、生态系统设施、智慧应用设施等新型基础设施项目;鼓励社会资本利用老旧厂房开展以一致性测试、小批量生产为目标的中试线建设,鼓励国家级和市级产业创新中心、企业技术中心,自建或联合科研院校开展以规模化生产、测试验证生产工艺成熟度和工程实现可行性为目的的中试线建设,对符合条件的项目按照不超过项目固定资产投资额的30%给予奖励,单个项目奖励金额最高不超过3000万元。

9.《关于存量国有建设用地盘活利用的指导意见(试行)》

(1)政策原文:

北京市人民政府办公厅印发《关于存量国有建设用地盘活利用的指导意见(试行)》的通知

京政办发〔2022〕26号

各区人民政府,市政府各委、办、局,各市属机构:

经市政府同意,现将《关于存量国有建设用地盘活利用的指导意见(试行)》印发给你们,请认真贯彻落实。

北京市人民政府办公厅
2022年9月22日

关于存量国有建设用地盘活利用的指导意见(试行)

为促进存量国有建设用地提质增效,依据《中华人民共和国土地管理法》《中共中央国务院关于构建更加完善的要素市场化配置体制机制的意见》等法律法规和文件要求,结合本市实际,现提出以下意见。

一、总体要求

(一)指导思想

以习近平新时代中国特色社会主义思想为指导,全面贯彻党的十九大和十九届历次全会精神,深入贯彻习近平总书记对北京一系列重要讲话精神,完整、准确、全面贯彻新发展理念,统筹推进存量国有建设用地盘活利用,进一步提高节约集约用地水平,为首都高质量发展提供有效用地保障。

(二)基本原则

1. 规划引领,优化布局。认真落实《北京城市总体规划(2016年—2035年)》,紧密围绕"四个中心"城市战略定位,有序疏解非首都功能,改善人居环境,优化提升首都功能。落实"两线三区"全域空间管制要求,引导生产、生活空间向集中建设区布局,持续推进城乡建设用地减量,推动城市可持续发展。

2. 政府引导,市场配置。强化政府在存量国有建设用地盘活过程中的引导作用,完善政策机制,促进规划实施。充分发挥市场作用,鼓励产权主体和社会力量积极参与,激发市场活力。

3. 补齐短板,提质增效。合理安排生产、生活空间建筑规模,科学配置资源要素,充分发挥重点功能区的带动作用和轨道交通的辐射优势，推动产业转型升级，促进职住平衡，补齐城市公共服务设施短板，推动城市高质量发展。

（三）适用范围

本意见中所称存量国有建设用地是指现状国有建设用地中规划为建设用地的土地资源。

各区政府（以下所称各区，均含北京经济技术开发区；所称各区政府，均含北京经济技术开发区管委会）应依据分区规划，以土地使用效率为重点，突出土地集约利用度，统筹开发强度、经济效益、人口环境资源等方面指标，对本区存量国有建设用地进行综合评价，确定需盘活利用的存量国有建设用地。

（四）实施路径

鼓励原土地使用权人通过自主、联合等方式盘活利用；原土地使用权人无继续开发建设意愿的，可通过土地二级市场交易监管平台进行转让或由纳入自然资源部储备机构名录的机构收储（可带地上建筑物）。

鼓励国有企业探索成立专业平台公司，通过腾退、整合等方式，对企业所属土地、房屋资源进行统筹再利用。

二、支持政策

（一）建筑规模指标

在符合分区规划确定的规模总量、布局结构、管控边界的基础上，各区在统筹盘活利用时，结合控制性详细规划，鼓励在本区范围内或企业权属范围内对建筑规模指标进行转移和集中使用。涉及跨区项目，可实施跨区统筹。

对于符合首都城市战略定位且有助于推动城市高质量发展的高精尖产业项目，或用地混合、空间共享、功能兼容的轨道微中心等立体复合开发项目，其建筑规模指标经区政府统筹后予以优先保障。

（二）用地功能兼容

存量国有建设用地可进行用地功能兼容，具体要求按照本市建设用地功能混合使用相关规定执行。

鼓励产业用地混合利用，单一用途产业用地内，可建其他产业用途和生活配套设施的比例不超过地上总建筑规模的30%，其中用于零售、餐饮、宿舍等生活配套设施的比例不超过地上总建筑规模的15%。

（三）建筑功能转换

对已建成投入使用且符合本市建设用地功能混合使用相关规定的存量建筑可进行功能转换。

重点功能区及现状轨道站点周边，在符合规划、权属不变、落实建筑规模增减挂钩要求、满足安全要求的前提下，鼓励利用现状建筑改建保障性租赁住房。

（四）土地利用方式及年限

对存量国有建设用地盘活利用中涉及的划拨用地、出让用地，根据盘活利用的不同形式和具体情况，可采取协议出让、先租后让、租赁、作价出资（入股）或保留划拨方式使用土地（再利用为商品住宅的除外）。

存量国有建设用地盘活利用项目，可结合规划情况，合理约定出让年限，但不得超过相应用途法定最高出让年限。

以弹性年期方式使用土地的，出让年限不得超过20年。以长期租赁方式使用土地的，租赁期限不得超过20年。到期后可按规定申请续期。

（五）异地置换

对腾退的流通业用地、工业用地，在收回原国有建设用地使用权后，在符合规划及本市产业发展要求前提下，经批准可以协议出让方式为原土地使用权人安排产业用地。

符合城市副中心发展定位的国有企事业单位，在疏解至城市副中心时，允许其新建或购买办公场所；符合划拨条件的，可以划拨方式供应土地；原国有土地使用权被收回的，经批准可以协议方式按照规划建设用地标准为原土地使用权人安排用地，所收回的土地由属地区政府依法安排使用。

（六）过渡期政策

企业利用存量房产、土地资源发展本市重点支持产业的，可享受在一定年限内不改变用地主体和用途的过渡期政策，过渡期以5年为上限。过渡期满或涉及转让需办理改变用地主体和规划条件的手续时，除符合《划拨用地目录》的可保留划拨外，其余可以协议方式办理，但法律法规、行政规定等有明确规定以及国有建设用地划拨决定书、租赁合同等有规定或约定应当收回土地使用权重新出让的除外。

市、区相关部门应强化对实行过渡期政策企业的事中、事后监管和服务。

（七）土地出让价款缴纳

划拨用地补办出让手续，以及已出让用地因调整土地使用条件、发生土地增值等情况需补缴土地价款，按照国家和本市相关规定执行。土地价款可分期缴纳，最长不超过1年，首次缴纳比例不得低于50%。

在符合规划、不改变用途的前提下，对现有工业用地提高土地利用率和增加容积率的，以及对提高自有工业用地或仓储用地利用率、容积率并用于仓储、分拨运转等物流设施建设的，不再增收土地价款；对企事业单位依法取得使用权的土地经批准变更土地用途建设保障性租赁住房的，不补缴土地价款，原划拨的土地可继续保留划拨方式；对闲置和低效利用的商业办公、旅馆、厂房、仓储、科研教育等非居住存量房屋，不变更土地用途，用于建设保障性租赁住房的，不补缴土地价款。经盘活利用发展高精尖产业项目的，土地价款按本市构建高精尖经济结构等相关用地政策执行。

（八）用地功能保障

为保障产业用地发展空间，"三城一区"、国家级开发区、市级开发区等重点功能区，需在产业用地主导功能不变的前提下，实施存量国有建设用地盘活利用。

转型为教育、养老等公共服务类用途的,房屋不得分割转让。

对经营性的教育、养老等社会领域企业以有偿方式取得的建设用地使用权、设施等财产进行抵押融资,抵押人、抵押权人应共同做出承诺,在抵押权实现后保障原有经营活动持续稳定,确保土地用途不改变、利益相关人权益不受损。

三、保障措施

（一）加强组织领导

各区政府要加强组织领导和统筹协调,积极稳妥推进本区内存量国有建设用地盘活工作,鼓励结合区域实际试点创新;结合城市空间布局、各圈层重点任务,组织编制存量国有建设用地盘活实施计划。市相关部门要结合工作职责,出台相应配套政策,及时协调实施。市区两级要密切协调配合,形成工作合力,确保各项政策措施落实。

（二）做好服务保障

各区政府要掌握本区内存量国有建设用地利用现状和盘活潜力,统筹区域资源及规划指标,推进项目实施。市相关部门要统筹协调,依法下放审批权限,简化审批程序,做好指导、服务工作,提高项目落地效率。对存量再利用的产业用地,通过签订补充监管协议约定产业绩效、环保节能等要求,并将不动产转让、土地退出条件等内容纳入土地使用权出让合同管理。

国有资产监督管理部门要完善考核、激励政策机制,推动市属国有企业提高存量建设用地利用效率。

（三）做好实施评估

各区政府要做好事前谋划、事中协调、事后监管,动态跟踪政策实施情况,加强项目实施效果的评估。市有关部门要及时完善配套政策和监管措施,加强宣传引导、政策解读、案例总结与经验推广,提高精准施策水平。

（2）政策解读：（来源：中国政府网）

一、政策出台的背景是什么？

存量国有建设用地的有效盘活是支撑第二阶段城市总体规划实施，促进首都高质量发展的重要工作。出台《指导意见》，旨在统筹推进存量国有建设用地盘活利用，为首都高质量发展提供有效用地保障。

二、政策提出了那些改革措施？

（一）《指导意见》归纳明确3类实施路径

一是鼓励原土地使用权人通过自主、联合等方式盘活利用；二是原土地使用权人无继续开发建设意愿的，可通过土地二级市场转让或政府收储（可带地上建筑物）方式盘活利用；三是鼓励国有企业探索成立专业平台公司，通过腾退、整合等方式，对企业所属土地、房屋资源进行统筹再利用。

（二）《指导意见》创新提出8项支持政策

建筑规模指标。可在各区范围内或企业权属范围内对建筑规模指标进行转移和集中使用。涉及跨区项目，可实施跨区统筹。其中，对高精尖、轨道微中心等立体复合开发项目予以优先保障。

用地功能兼容。鼓励产业用地混合利用，单一用途产业用地内，可建其他产业用途和生活配套设施的比例不超过地上总建筑规模的30%。其中用于零售、餐饮、宿舍等生活配套设施的比例不超过地上总建筑规模的15%。

建筑功能转换。重点功能区及现状轨道站点周边，鼓励利用现状建筑改建保障性租赁住房。

土地利用方式及年限。为调动原产权方改造积极性，提出盘活再利用项目可协议出让给原土地使用权人（再利用为商品住宅的除外），同时可采取先租后让、租赁、作价出资（入股）、保留划拨等供地方式，并明确可合理约定再利用出让年限。

异地置换。对腾退的流通业用地、工业用地，在收回原国有建设用地使用权后，在符合规划及本市产业发展要求前提下，经批准可以协议方式为原土地使用权人安排产业用地。

过渡期政策。企业利用存量房产、土地资源发展符合我市重点支持产业的，可享受在一定年限内不改变用地主体和用途的过渡期政策，过渡期以5年为上限。过渡期满及转让需办理改变用地主体和规划条件的手续时，除符合《划拨用地目录》的可保留划拨外，其余可以协议方式办理。

用地功能保障。为保障产业用地发展空间，提出"三城一区"、国家级开发区、市级开发区等重点功能区，需在产业用地主导功能不变的前提下，实施盘活利用；并对转型为教育、养老等公共服务类用途的，提出了房屋不得分割转让的要求。

案例篇

Urban Renewal

本章节汇集了国内外的 48 个城市更新优秀案例，涵盖了片区更新、住区更新、工业区更新和商办区更新四个领域（基础设施类已在《城市有机更新的实践模式》一书中做详细解释，本书中将不再展开收录）。编者从每个案例的概况、投融资模式、开发模式、实现价值等角度剖析项目的模式和价值，帮助读者理解城市更新项目实施的有效路径，为城市更新从业者提供宝贵经验。

片区更新案例总结了旧有区域多业态统筹发展的更新策略；住区更新案例阐述了在兼顾居民与实施方利益的同时改善居住环境、提升生活品质的路径探索；工业区更新案例总结了废弃工厂和仓库向创意园区和公共空间转变，并成为城市新亮点的创新实践；商办区更新案例聚焦商业活力的提升、产业的转型升级。不同类别的更新案例为政策制定者、规划师、建筑师、开发商以及参与城市更新的社会资本方提供启发和指导。

（一）片区更新类

城市更新作为中国式现代化的重要载体，是完善城市功能、提升城市品质、深化高质量发展的重要手段。片区更新，作为一种综合性的城市改造策略，涉及空间结构调整、产业结构升级、土地资源整理、生态环境提升、区域功能重塑等多个层面。它不仅促进了城市功能的全面优化，而且在追求经济效益的同时，有效规避了城市更新过程中可能出现的碎片化现象及利益分配不公的问题。因此，片区更新逐渐成为未来城市更新的主流形式，本章节将深入探讨这一城市更新重要类型，分析其实施策略、项目理念与价值，以及如何通过有效的更新手段，实现老旧片区的再生与繁荣。

片区更新通常涉及城市中多个更新项目的集中打包和成片实施。这种更新模式既包括在空间上对旧有建筑的修缮、现有环境的整治提升、基础设施的改善与增补、公共服务设施的优化升级，还包括在社会发展层面对城市各业态的升级、产业的转型与城市功能的重塑。这就要求项目实施方在更新过程中必须采取多元化的策略，以确保更新项目能够协调发展，满足不同社区和功能区的需求。

在我国，片区更新主要分为两大类：增量开发、就地平衡式更新和减量提质、统筹资源式更新。前者以广州、深圳等城市为代表，侧重于通过增加建筑容量和改善基础设施来提升片区价值，后者以北京、上海为代表，更注重通过优化现有资源配置和提升片区质量来实现可持续发展。无论是哪一种更新模式，都需要在实践中不断探索和创新，以适应不断变化的城市发展需求。本章节将通过分析具体的案例，展示不同更新策略在实际中的应用和效果。

1. 深圳大冲旧村改造华润城项目

（1）项目概况

1985年深圳科技园设立，园区建设后迎来大量的务工人员，深圳市南山区的城中村凭借自身优越的交通条件和区位，成为众多怀揣"深圳梦"的"打工人"落脚地。在此社会背景下，大冲村迎来了野蛮生长的阶段，大量村民自建房与村集体矮楼拔地而起，原住居民与外来居民的比例达到了1:35。由于缺少统筹规划，"导致大冲村"市政设施严重匮乏、建筑密度大、安全隐患严重、社会治安混乱，是典型"脏、乱、差"的城中村。随着深圳市建设国际化大都市进程的加速，土地供需矛盾日显突出，与深圳市高新园区比邻而居、形成鲜明对比的大冲村，迎来了改造机遇。

深圳华润大冲旧村改造项目是广东省规模最大的城中村整体改造项目，也是华润置地有限公司（以下简称华润置地）全国范围内在建规模最大的项目。该项目总占地面积为68.4万平方米，总建筑面积为280万平方米，包含150万平方米的回迁物业。改造后项目业态还包括住宅、公寓、商业、写字楼、酒店、人文剧场、3所幼儿园、小学及九年一贯制学校等，旧改后将变身为超大规模、新型、现代化的商业、商务中心及居住社区，成为高新科技园和华侨城景区的配套社区。

（2）开发模式与投融资模式

为更好地推进大冲村旧改项目，华润置地专门在深圳注册了项目公司——华润置地（深圳）发展有限公司，该公司的经营范围是专门从事深圳市南山区大冲村旧村改造，注册资本3.8亿港元。

项目拆迁用地面积47万平方米，开发建设用地面积36万平方米，项目整体规划计容建筑面积达280万平方米，分两期实施（表2-1）。

深圳大冲旧村改造华润城项目　　　　　　　　　　表2-1

大类	片区改造	小类	居住功能提升
更新体量	280万平方米	投资金额	450亿
是否调规	是	是否调容	是
更新主体	华润置地（深圳）发展有限公司	运营主体	华润置地（深圳）发展有限公司
土地用途	住宅、商办	开发周期	13年

①住宅：深圳·华润城中规划住宅138.54万平方米（含保障性住房5.36万平方米、物业服务用房0.16万平方米），公寓26.28万平方米，公共配套设施6.45万平方米。

②办公：办公楼是对原村股份公司的主要回迁物业，在考虑总体形象、办公楼标准层平面合理性与高度合理性的基础上做了5栋。在设计完成之后，股份公司提出产权可独立分割和增加一栋办公楼的需求。在用地非常局限的情况下，通过调整路网、重新分割地块、降低标准层面积，在实现增加一栋办公楼的基础上，将大王古庙与深南

大道建立起直接的联系。

③商业：深圳华润万象天地是大冲村旧改后推出的"万象城"中的商业综合体，总建筑面积23万平方米，是由若干个散落的"小盒子"构成的"街区+mall"形态的商业空间。万象天地规划建设了以独栋建筑构成的旗舰店广场、以独立潮牌店组成的高街区、以餐饮品牌组成的美食街区、大盒子购物中心以及水广场、艺文广场、时光广场等公共休闲空间。

④产业：南山科技金融城顺应城市发展而生，是由南山区政府主导，依托聚合华润集团内部及相关上下游资源，联合打造的产城融合示范项目和科技金融创新高地。南山科技金融城作为深圳六大金融集聚区之一和南山区联合招商办公室之一，未来将聚焦科技金融产业创新，树立科技金融核心地位，为深圳发展释放更大的经济势能。

（3）项目理念与价值

①项目难点：本项目核心难点关键在于两个层面，一是在文化认知层面上重塑并引导村民的思想观念，二是在规则制度层面上尊重并保障村民的核心利益。唯有依次解决了当地社会在这两个层面上的关键问题，才能顺利启动深圳·华润城（大冲旧村）的旧城改造城市更新，也才能在技术操作层面上实践并构建城市更新的科学方法，进而升级城市空间、导入产业生态。

a. 重塑认知

难点：自2007年旧改团队进驻大冲村起，村民具有反复无常的特点，导致大冲村旧改难以推进。

解决方案：通过多种方式与股份公司及村民接触，让大冲村民逐步了解旧改、了解华润；成立了群众工作小组、咨询服务组等，并制作旧改广告牌等宣传物料，渲染旧改氛围，使得旧改进一步深入民心。

b. 确认产权

难点：2009年4月中旬，启动了村民物业确权查丈工作；大冲股份公司及不少村民试图挑战查丈规范，确权查丈工作进展缓慢。

解决方案：政府发挥强势主导作用，制定有针对性的政策，要求在实施城中村改造的房屋查丈工作中，必须严格执行《房屋建筑面积测绘技术规范》(SZJG/T 22—2006)，不得擅自变更或突破标准。一方面，由街道办积极开展综合整治工作，另一方面，成立大冲旧改指挥部。最终，在大冲旧改指挥部的有力支持和协调下，确权查丈工作得以顺利推进。

c. 公平分配

难点：2014年6月，启动了第一批回迁物业分配工作，最突出的问题是村民对分配方案的公平公正性存疑。

解决方案：关于分配方案的制定，邀请了大冲村旧改三方团队全体成员一起讨论商议，确定了采用传统的人工抽签方式（透明抽签箱），由村民亲自抽取序号和房号，抽签结果现场公证并公示后执行。最终，大冲回迁物业的分配方案用了近一年时间制定完成，抽签分配方案得到了所有回迁村民的一致认可。

②项目亮点：联动开发，提升整体定位。大冲旧村改造项目的方案编制分为政府主导、华润介入、专规批复和方案细化四个阶段。华润置地介入以后，充分整合内外部资源，将前期方案设计与后期开发实操充分结合，项目实现了一、二级联动开发和整体功能的重新定位，项目从最初的单一住宅片区演变为后来的功能混合街区，并最终实现了产城融合发展模式。

③商业亮点：联动开发，提升整体定位。双首层建筑形态：利用街道的高差，通过多条步行街、步行台阶以及退台式设计，将主题广场以及高街区直接与商场的LG层和L1层相连，以使得高街区、独栋旗舰店与大盒子购物中心之间在空间上的连通，并使商业价值最大化。

2. 成都猛追湾城市更新项目

（1）项目概况

猛追湾城市更新是成都市首个EPC+O模式下的城市更新项目，也是成都"天府锦城"战略规划下首个呈现的城市更新项目。整体范围1.68平方公里，由成都市成华区人民政府和成华区猛追湾街道办事处主导，万科（成都）企业有限公司（以下简称"万科"）"策划规划、设计建造、招商运营"一体化整体打造，以2.5公里滨水黄金地带为研究范围，重点对下湾区555亩进行文化传承与城市更新，进一步活化空间与产业调整。其中启动区位于猛追湾—下湾区，包括一街—滨河商业街、一坊—望平坊、三巷—香香一巷、二巷、三巷，共计收储运营面积3.4万平方米，于2018年12月动工，2019年9月30日整体开业。

央视新闻、新华社等国内权威媒体多次报道，获得第八届商业地产西南峰会—2020年度城市更新典范项目大奖。猛追湾城市更新项目已成为成都最具代表性的老城区活化名片。

（2）开发模式与投融资模式

猛追湾城市更新项目强化"市区联动、政企联手"的高效协作模式，实现从政府主导、企业参与到政府引导、企业主导模式的创新升级。万科"策划、规划、设计、建设、运营"一体化实施方式以及"文态、业态、形态"三态融合的打造方案受到成都市委主要领导认可，项目经验推广至成都全市领导班子学习。

在筹备阶段，万科会同政府相关部门和区属国有公司大力实施优质资源"收、租、引"，并成立片区运营专业公司对收储资产整体实施资产管理、项目招引、业态管控、运营管理等工作，完成收储重要节点，收储面积约3.4万平方米。

在设计规划阶段，万科深度挖掘和传承成华"工业记忆"和猛追湾"城市乡愁"，采取"修旧如旧"手法进行文化传承，对锦江绿道和滨水空间、特色街区进行同步规划，谋划"绿道＋休闲配套""绿道＋新消费场景"等诸多可能性，将原有机动车道改成慢行空间，高品质外摆融入滨河街区，创成都第一。

一体化场景营建。项目落地万科自营联合办公品牌—星商汇，打造文创企业创新创业场景，孵化企业58家，包括中国十大动漫企业之一功夫动漫、哈啰出行、鸿星尔克等。通过政府、企业、居民等多方共同参与，带动周边30余家留存商家主动转业态提品质，拉动片区商铺租金上涨60%～70%，体现了万科通过引入新经济、新业态推动城市活化，打造产城融合的新模式。

（3）项目理念与价值

坚持以人为本，充分考虑在地居民诉求，通过合理规划绕行路线解决停车问题，将靠近河滨的道路打造为慢行观景道路，将美好风景和惬意生活留给市民，实现"回家的路"与社交场景融合。

在运营阶段，突破原有治理格局，形成街区共建共治新机制。万科联合猛追湾街道党工委成立"Dream One"街区综合党委，成立猛追湾街区联盟，发布联盟公约，以市民休闲区为聚合点，共同推进党建引领下的特色街区建设和运营。同时落地首个五星级景区化管理服务，市政街区和非收储商户外摆管理交由万科物业统筹。

3. 广州环市东商圈更新改造项目

（1）项目概况

广州环市东片区规划设计范围169公顷，东至先烈南路、西至小北路和下塘西路、南至东风东路、北至麓苑路。其中，启动区规划设计范围约43公顷。2021年5月，环市东商圈更新改造项目东启动区意愿表决工作咨询服务挂网招标，本次意愿表决工作涉及户数约5600户。

环市东片区总体定位为"广州中央活力区"，从传统中央商务区CBD转型升级为中央活力区CAZ，构建以贸易总部、创新金融、健康医疗为主导，城市服务为支撑，科技为驱动，文化为特色的现代服务业体系。

（2）开发模式与投融资模式

环市东商圈更新改造项目探索"政府主导、国企参与、市场运作"模式，将现状保留、微改造、拆除重建相结合，通过成片连片更新改造，全面改善人居环境品质、增加产业空间载体，让老城市焕发新活力。首先，通过"留、改、拆"混合改造，实现片区有机更新和价值判断与产业定位，划分整体保留、微改造、拆除重建三类改造方式。

（3）项目理念与价值

尊重现有城市肌理，对片区历史价值原型进行延续与重构，延续环东独特人文气质。友谊广场及周边综合提升，构建环东文化活力体验环。以花园酒店、友谊商场、白云宾馆等围合环东文化聚合界面，打造环东品牌形象与文化地标，建设友谊广场。通过地下—地面连通的立体广场，缝合环市东路南北城市空间，连接建设街、天胜村、华侨新村三大主题文化街区。此外，还将进行城市功能多元复合，打造面向未来城市的乐活街区，应用乐活街区理念，在最小尺度上实现功能业态的最大混合，通过数字化体验设计打造环东未来社区。公服设施扩容提质，提升居住片区和产业片区的整体服务水平。

4. The Box 商圈片区更新改造项目

（1）项目概况

朝外大街位于朝外商圈核心，东、北分别与中央商务区、三里屯商圈相接，地理位置优越，交通优势明显。历经三十多年的发展，随着周边众多商圈兴起，沿线的公共空间愈显陈旧，商业氛围日渐失色。2021年初，朝阳文旅集团下属昆泰集团对昆泰商城、昆泰大厦等进行升级改造。在市区统筹领导下，朝阳文旅集团与上海盈展集团合作，以产业商业升级为导向对朝外片区城市更新进行策划布局，并将更新改造内容拓展到街道、广场，明确了朝外大街沿线商业办公楼宇与公共空间整体规划、联动更新、分期实施的片区更新思路。

改造范围以朝外大街、朝外南街和神路街、工体南路、芳草地西街"两横三纵"为骨架，串联沿线商业楼宇，总占地面积约20公顷，辐射周边2平方公里。一期改造完成后，昆泰商城变身为The Box 朝外A区年轻力中心，昆泰大厦将升级为高品质产业空间，联动The Box 朝外B区文化消费商业空间，朝外整体公共空间将焕新升级，实现品质提升，助力朝阳区打造中央商务区千亿级消费商圈目标。

（2）开发模式与投融资模式

项目探索建立以公共空间改造和功能业态升级带动片区整体更新的有效模式，形成规划引领、民生优先、政府统筹、国企平台、多元合作的可复制、可推广的片区更新实施经验。

朝阳文旅集团作为改造片区内最大产权主体，充分发挥国企示范引领作用，强化楼宇自主更新效能，并与专业化运营主体盈展集团高效合作，提升商业空间改造品质，同时承担公共空间改造任务，确保片区更新的整体性。

朝外街道依托"街道吹哨、部门报到"机制,上下联动,结合多元主体诉求,组织推动日常改造工作,实现街区整体品质提档升级增值。积极协调中认大厦、建设银行、陈经纶中学等多方产权主体,统筹诉求,正向引导,推进解决片区改造的痛点、难点,为朝外大街统一规划、实施提供了有力支持和保障。

(3)项目理念与价值

朝外片区城市更新工作立足于产业、商业升级的整体策划,依托建筑、景观、公共空间的整体设计规划,实现片区、街区的系统化更新升级,其中在商业业态更新上,引入年轻业态和首店经济模式,塑造潮流消费新地标。昆泰商城(The Box 朝外 A 区)改造作为标杆项目,创新改造建筑内部空间和室外光影篮球场、滑板场、下沉剧场、屋顶花园等,为朝外片区引入潮流商业业态和发展"夜经济""露台经济"提供了特色载体。

在产业业态更新上以楼宇经济、街区经济和总部经济"三新经济"为着力点,以新数字经济、新服务经济、新创意经济的企业为主力客群,着力打造成为集创新产业办公、艺术空间和文化体验新消费于一体的"舒适、高效、便于交流"的创新与社交体验的生活美学空间。

在公共空间改造上,提升公共空间风貌,营造艺术文化美学街区。朝外大街地下通道实施消隐改造,利用墙面进行文化展示,打造北京首个约 850 平方米的地下艺廊。在惠民百姓方面,通过城市更新实现片区内交通优化,拓宽人行步道,打造慢行街区的同时,结合场地特色,片区将边角地改造成为社区花园、林荫休闲空间、打卡地等可供居民、行人休憩活动的场所。

5. 广州猎德村项目

(1) 项目概况

猎德村是广州市首个改造的城中村，猎德村位于天河区珠江新城中央商务区范围，是一个有着千年历史的岭南水乡。总用地面积33.6万平方米，村民3167户、7865人，原有总建筑面积68.6万平方米，都为高密度的农民自建住宅。猎德村于2010年9月全面完成改造，村民顺利回迁。

改造后的新猎德村（安置区）总建设用地13.1万平方米，由37栋高层住宅、一所九年制义务教育学校和一所幼儿园组成，总建筑面积约68.7万平方米，绿地率30%，建筑密度28.1%，学校、幼儿园、文化活动中心、卫生服务中心、肉菜市场等公共服务设施严格按相关法规要求的标准配置。按照规划改造区域增加绿化面积约20000平方米，市政道路约19000平方米，节地面积约247亩，节地率达52%。改造完成后，新猎德村已完全融入珠江新城中央商务区，村民房屋出租收益从改造前的每月每户800元提高到4000元，增长5倍；村民自有房屋价值从改造前的4000元/平方米提高到30000元/平方米，增长7倍多；村集体年收入从改造前1亿元提高到5亿元，增长5倍；村民每年人均分红从改造前的5千元提高到3万元，增长6倍。

(2) 开发模式与投融资模式

旧村全面改造，即整体拆除重建。猎德村采取"全面改造"的模式，"以政府为主导、村为实施主体"的原则，采用融资地块公开出让、安置地块自主建设的方式进行全面改造。

1994年猎德村与广州市土地开发中心签订《交地协议》，2002年天河区政府同意猎德村撤销村民委员会，建立猎德经济发展公司。2007年5月猎德村改造计划正式启动，7月村集体通过了拆迁补偿方案：猎德村原地拆除，村西片区逾 11 万平方米土地用作商业用途，公开市场拍卖后所得款项用于满足村改造资金的需求；村东片区拆迁后用于安置居民，具体拆迁补偿原则为"拆一补一"，并另在村南保留一块土地建设酒店以支持集体经济发展。

2007 年 9 月，富力、合景泰富、新鸿基联合以 46 亿元的价格竞得猎德村西片区商业地块，其中约 25 亿元用作拆迁款安置及新楼建设款，10 亿用于投资村南酒店。2007 年 10 月猎德村开始进行拆迁，2009 年底拆迁基本完成，2010 年初回迁户回迁至原村东片区。

猎德村西片区商业地块由富力、合景泰富、新鸿基共同开发，三家分占三分之一权益，地块总建面约 56.8 万平方米，规划建设为包括高档公寓、酒店、购物商场、写字楼的大型综合体项目。其中公寓天銮 2011 年 11 月首次销售，项目从获取到首开时滞 50 个月。写字楼天盈广场、天盈广场东塔分别于 2013 年下半年、2015 年下半年推售，购物广场 IGC 于 2016 年 10 月正式开业。

（3）项目理念与价值

运用"三旧"改造政策允许集体用地依村民申请转为国有；允许融资地块现状出让，出让收益返还，用于改造，支持农村集体经济组织的发展；允许集体建设用地依申请转为国有后，由村用于经营性开发建设、融资；猎德村居民点范围内一定面积的水面（风水塘）按照城市人工水面确定地类。

主要做法：一是改造资金。规划以猎德大桥和猎德大道为界，分作桥东、桥西和桥西南三部分。桥东为复建安置区，桥西南作为村集体经济发展区，桥西地块用以拍卖融资，所得资金全部返还给猎德村，满足整村改造的资金需求。二是利益保障。村民合法产权的房子按拆一平方米原址复建回迁一平方米的原则补偿，复建期间给予临迁费补贴；村集体将建设一栋 17.3 万平方米的商务酒店，村内原来的集体物业统一整合，并给予适当的增加，保障了村集体经济的发展，确保村民的长治久安。三是文化传承。将散落在村内的宗祠统一复建，通过建设一涌两岸岭南文化风情街，把猎德村的历史和水乡文化很好地传承下来。四是工作推进。根据猎德村改造试点的特殊情况，特别成立了仲裁法庭以解决钉子户问题，同时设立手续申报办理的绿色通道，加速改造进程。

6. 深圳新桥东片区更新项目

（1）项目概况

深圳市平方公里级"工改工"城市更新项目。规划面积 2.3 平方公里，横跨两个更新片区，整体呈南北向的狭长形状。片区主要涉及康大工业区及周边城市更新片区和洪田工业区及周边城市更新片区两个正在编制的城市更新片区统筹规划。

（2）开发模式与投融资模式

深圳市宝安实业集团有限公司（以下简称"宝安实业集团"）综合运用"拆除重建＋综合整治＋土地整备＋违建拆除"多手段结合的全新模式，统筹解决片区周边约 2.3 平方公里存量土地发展的问题：将符合条件的现状老旧工业区约 1.27 平方公里纳入重点更新单元拆除范围，通过拆除重建方式完成升级改造；将城中村纳入"双宜小村"范围，通过综合整治模式实现片区居住品质的提升。

（3）项目理念与价值

企业发展组合开发能力。实施此项目的宝安实业集团，不仅在城市更新建设、设计、运营等方面进行了横向产业链的扩充，同时具备了多类型更新项目组合开发的能力。这里包括旧工业、老旧社区、城中村、棚改等类型。由此可见，即使是增量开发式更新，也逐渐趋向于大面积统筹开发，用以均衡不同项目之间的更新难易度。

坚持产业优先，保障空间。产业开发项目约402万平方米物业中，除回迁物业约160万平方米外，其余物业均由区属国企掌控，建成后可销售或租赁给优质的高新技术企业，发挥"产业保障房"的功能，必要时可调节产业用房租金，保障企业发展；另外，项目还整理了10公顷的产业用地，可供政府通过"招拍挂"的方式出让给优质企业。

7. 广州聚龙湾片区更新项目

（1）项目概况

平方公里级项目，被称为"广州西客厅"，为千亿级产业基地。规划范围占地约1.6平方公里，一期面积约33.27公顷。聚龙湾片区目前的改造整合了广州市5家市属国企的8块地块，创新旧村、旧厂、旧城的成片连片开发模式，实施全周期管理，探索以"新贸易""新总部""新双创""新时尚"的"四新"特色产业主题进行开发，有望打破广州东西部产业不平衡的格局。

（2）开发模式与投融资模式

项目改造范围总用地面积为25.18万平方米，现状房屋总建筑面积约14.50万平方米，项目改造方向采取旧城连片更新改造（混合改造）的模式。当前，涉及权属人约702个，改造范围内同意改造的权属人占比超过90%。在补偿方式上，旧城采用货币补偿方式和异地安置方式；旧厂依据《广州市人民政府办公厅关于印发广州市深入推进城市更新工作实施细则的通知》（穗府办规〔2019〕5号）文第十三条，采用"一口价"方式；旧村全部为集体物业，采用货币补偿方式。

（3）项目理念与价值

增量开发搭配公益性基础设施。在一期的片区更新开发中，广州珠江实业集团有限公司建设了一个公益性基础设施——穿江隧道，不仅提升了自身地块价格，还为城市增加了服务便利度。也正是这一公益性项目的捆绑，为其拿到整个片区的更新开发权增加了竞争力。此类捆绑开发的成功实施，也将获得政府及市民的信任，更有助于树立品牌形象。

8. 景德镇老城片区更新项目

（1）项目概况

景德镇是全国历史文化名城，但是城市整体发展滞后，世界瓷都的城市名片与相对落后的城市发展速度相脱节。因此，城市建设与城市产业发展的相互匹配，即成为景德镇城市更新工作的重点。

（2）开发模式与投融资模式

全城资源盘点，创建项目库。不仅包括用地资源，还包括诸多民生整治类项目。采用"产业多维升级＋项目统筹打包"模式，全城资源统筹，打包成50余个更新片区，工业遗产编制专业规划。市文旅投资公司作为市场主体统筹实施，市场主体梳理全城更新资源，提取优质资源，进行产业链延伸设计；通过优质资源改造经营，带动城中村更新。

（3）项目理念与价值

通过明星项目触媒片区式更新。以点带面，将用地类与整治类项目统筹打包，激活全城片区更新。自陶溪川后，城市形成片区开发模式。市场主体梳理全城更新资源，提取优质资源，与周边一般资源进行打包成片，通过优质资源改造经营，带动城中村更新。

争取政策环境。景德镇的更新成为省、市政策创新的试金石，相继促成了景德镇城市十大工业遗产的相继启动和景德镇工业改造相关政策与管理办法的出台。景德镇陶文旅集团的工业遗产项目在江西全省陆续推广，继续挖潜全省文化价值。

9. 北京副中心老城片区更新项目

（1）项目概况

随着北京城市副中心新建区（行政办公区、环球影城、运河商务区等）建设提速，老城区提升需求十分迫切。老城区是城市副中心历史文化和城市活力的集中展示区，现状人口密集、职住问题突出，面临交通拥堵、公共服务设施配套不足、环境品质较差等问题，发展质量和水平距离建设未来没有"城市病"的城区尚有不少差距。老城区城市双修范围总用地规模约 58.5 平方公里，占城市副中心总面积约 38%，老城区现状人口 72.6 万人，占城市副中心现状总人口约 83%。

北京市委、市政府各级领导对老城区城市双修与更新工作给予了高度重视。2018 年 8 月 10 日，时任蔡奇书记、陈吉宁市长就"落实市委十二届五次全会精神""推动通州老城区提升"的发展目标，到城市副中心进行了调研，并作出重要指示。本次规划围绕市领导在通州老城区调研时提出的若干工作要点为核心议题，以人民为中心，统筹各专项工作任务，深化城市更新模式，提升老城区城市活力。

（2）开发模式与投融资模式

通州区授权北京城市副中心投资建设集团有限公司（以下简称"北投集团"）作为实施主体，面对较大资金缺口，通过项目打包和一、二级联动的方式进行片区统筹实施。合理分摊项目成本，新建部分可盈利项目，挖掘具有经营潜力的项目，通过销售或持有资产经营现金流作为补充，平衡项目投资，减轻财政资金压力，实现项目更好更快地落地。

（3）项目理念与价值

"五、一、五"项目捆绑。"五"是指五个重点片区，包括南大街历史文化片区、金鹰铜业和铝材厂周边片区、果园环岛周边片区、八里桥通惠河周边片区、三庙一塔周边片区；"一"是指棚改机动指标统筹，即老城棚改31万平方米经营性建设规模；"五"是指"三类公共服务设施+家园中心+老旧社区"，其中三类公共服务设施包括停车设施、体育设施和养老设施。

一、二级联动+跨区平衡。授权北投集团在副中心老城范围内通过一、二级联动的方式捆绑实施公益性和经营性项目，若仍存在资金平衡缺口，可安排区域外其他资源用于弥补投入资金。如副中心绿心三大建筑地下共享空间项目，即是通过一、二级联动捆绑实施公益性和经营性项目。北投集团通过持有项目中15万平方米商业经营面积，捆绑建设10万平方米公共建筑和广场园林绿化建设，为政府节省投资约22.6亿元。

10. 东京六本木中央商务区更新项目

（1）项目概况

东京六本木是日本至今规模最大的城市区域再开发项目，通过城市更新、综合开发，六本木跃升成为东京重要的中心商务区之一，被誉为"未来城市建设的一个典范"。

（2）开发模式与投融资模式

由森大厦株式会社牵头，吸引约400家企业、团体及个人共同投资4700亿日元参与开发，历时17年完成，是日本国内最大的由民间力量为主体实施的城市更新项目。

首先，建立由国家与地方政府官员、学术和商业界人士共同组成的实施委员会,制定周详的城市更新设计方案;其次,将六本木区域划分为多个区块,确定各个区块不同特征和功能,并在区块核心区建设集工作、居住、娱乐于一体的综合公共场所,为公共活动提供场所,提升区域活力;最后,建立高效的行政和法律开发管理支持体系,政府行政机构对经实施委员会确定的决定予以支持。

(3)项目理念与价值

六本木将区域发展与东京都市整体规划相结合,将地区商业活动与东京整体观光旅游相结合,充分考虑居住者与游客的多种需求。围绕"住宅、商业、文化和设计"四大元素,致力于打造都市文化中心,将办公、住宅、商业设施、文化设施、酒店、多功能影视城和广播电视中心等组合在一起,形成居住、工作、娱乐、休息、学习、创作等多功能融为一体的区域格局。

11. 重庆大成广场片区城市更新项目

(1)项目概况

璧山区位于重庆市西部,东连九龙坡区、沙坪坝区,南接江津区,西临永川区、大足区,北靠铜梁区、合川区、北碚区,成渝高速、遂渝高速、渝蓉高速、成渝高铁东西过境。近几年,璧山区高速发展,已建成30平方公里生态工业园区,电子信息、装备制造、医药食品三大新兴支柱产业迅速崛起,城市森林覆盖率达40.2%,是一座典型"绿岛"。

项目主要改造市民休闲空间面积约22476平方米,新建地下农贸市场面积约10752平方米,新建地下停车场面积约23576平方米(约900个停车位);对市民休闲空间进行打造,增加户外立柱显示屏;对周边道路进行下穿及放坡改造约435米(中山南路下穿约212米、解放路下穿约166米、东风路放坡57米);完善市民休闲空间区域内的环卫设施；对文庙进行修复改造；对项目范围内的大成广场片区等老旧小区基础设施改造，建设面积25.5万平方米。

（2）开发模式与投融资模式

项目业主：重庆绿发城市建设有限公司（政府国资）

主管部门：重庆璧山现代服务业发展区管理委员会

本项目总投资46880.00万元，其中项目资本金36880.00万元，占总投资的78.67%，计划发行债券融资10000.00万元，占总投资的21.33%。截至2022年6月16日，该项目共发行1批次，累计发行金额10000.00万元（表2-2）。

重庆大成广场片区城市更新项目　　　　　　　　　　表2-2

发行明细

截至2022-06-16，该项目共发行1批次，累计发行金额10000万元。

发行时间	批次	发行额（万元）	发行利率	所属债券	专项债作资本金发行额	调整记录
2022-06-16	第1批次	10000	3.42%	2022年重庆市专项债券十九期（普通专项债）	0	—

本项目运营收入共计43872.22万元，主要来源于农贸市场出租（8986.80万元，占比约20.48%）、停车位收入（16839.09万元，占比约38.38%）、户外立柱显示屏广告收入（2031.32万元，占比约4.63%）、道闸广告收入（483.84万元，占比约1.10%）、充电桩收入（15531.17万元，占比约35.40%）。

本项目经营成本共计16147.77万元，主要包含外购燃料及动力费（8797.08万元，占比约54.48%）、维护修理费（1359.95万元，占比约8.42%）、工资及福利费（2843.88万元，占比约17.61%）、管理费用（284.39万元，占比约1.76%）、充电桩二次购置费（420.00万元，占比约2.60%）、税金及附加（2442.47万元，占比约15.13%）。

（3）项目理念与价值

本项目位于重庆市璧山区，2021年璧山GDP增速全市第一。该项目建成后，直接加强高新区和老城区的联系，进一步带动老城区经济发展活力，推动智慧停车场建设，解决私家车停车位问题，节约土地资源，老旧小区居民环境得到改善，整体优化城市布局，带动经济发展。

12. 青岛济南路片区历史文化街区城市更新项目

（1）项目概况

济南路片区位于青岛市南区中山路街道。中山路街道位于青岛市主城区的西南边缘，西北临近胶州湾，南接青岛湾，地处青岛历史城区的核心位置。20世纪时期，中山路区域作为青岛市政治、经济、文化中心发挥了重要的窗口作用。自20世纪90年代之后，随着城市发展进程的加快，青岛市经济中心向东部沿海地区迁移，历史古迹特别是中山路区域逐渐衰退。由于旧区居民居住的房屋多数年久失修，基本生活设施不配套，周边环境质量较差，历史建筑与城市有待更新。

项目建设内容为区域内居民房屋征收及修缮改造工程：

①房屋征收：完成济南路周边剩余未征收居民住宅与非住宅的征收补偿，其中拟征收住宅户数227户，建筑面积9263平方米；征收非住宅户数6户，建筑面积6820平方米。

②修缮改造工程：将济南路周边所征收的房屋进行拆除（含本次征收及先前已征收的房屋），拆除面积约23211平方米；完成中山路街道区域内部分已征收房屋的修缮工作，修缮面积约37249平方米，同时完成区域内部分基础设施工程建设。

（2）开发模式与投融资模式

济南路片区历史文化街区城市更新项目总投资 116091.00 万元，其中资本金 31091.00 万元，占总投资的 26.78%。拟申请政府专项债券资金 85000.00 万元，占总投资的 73.22%。

项目收入主要有商业出租收入、客房出租收入，债券存续期内收入合计 240032.00 万元。

2020 年 9 月 22 日，2020 年青岛市（区市级）基础设施专项债券（十一期）——2020 年青岛市政府专项债券（二十六期）正式发行，利率 3.82%，期限为 15 年。其中本期发行 50000.00 万元（表 2-3）。

青岛市政府专项债券			表 2-3
债券名称	2020 年青岛市（区市级）基础设施专项债券（十一期）——2020 年青岛市政府专项债券（二十六期）		
计划发行规模	8 亿元	实际发行规模	8 亿元
发行期限	15 年	票面利率	3.82%
发行价格	100 元	付息频率	半年
付息日	9 月 23 日、3 月 23 日	到期日	2035 年 9 月 23 日

（3）项目理念与价值

财务评估：资金来源稳定。济南路片区历史文化街区城市更新项目可以通过发行专项债券的方式，以相较其他融资方式更优惠的融资成本完成资金筹措，并以项目商业出租收入、客房出租收入所对应的充足、稳定现金流作为后续资金回笼的手段。

律师评估：各项手续完备。青岛海明城市发展有限公司是具有独立法人资格的有限责任公司（国有独资），经授权实施本次拟申请政府专项债券的项目。拟申请政府专项债券项目已取得可行性研究报告的审查确认，项目总投资、项目建设内容等基本要素已经确定，专项债券募集资金项目已取得相关批复文件，具备项目实施条件。为拟申请政府专项债券的项目提供专业服务并出具专项意见的咨询公司、律师事务所具备出具财务咨询报告和法律意见书的相应能力或资质。

济南路片区历史文化街区城市更新项目整体属于历史文化街区范围，根据历史建筑修缮保护与街区整体风貌一致的统一考量，对历史文化街区内建成年代较近、不具保护价值、不符风貌一致等情况的被征收房屋将予以拆除，并根据历史文化街区统一风貌需求，完善项目范围内基础设施，将历史建筑与城市改造有机结合，促进区域经济社会的进一步发展。

13. 济南古城（明府城片区）城市更新项目

（1）项目概况

2020年11月，济南《城市发展新格局之"中优"——近期重点打造片区和项目行动方案》公布。其中，重点打造的五大片区之首即古城片区，内容包括保护和整治芙蓉街—百花洲、将军庙两大历史文化街区。作为"中优"战略重点项目，2021年底，古城项目国家开发银行首笔贷款正式发放。

济南城发集团与历下区合作成立济南城发古城城市更新有限公司作为项目实施单位，已开展征收工作，该项目被征收房屋共1838户，总建筑面积约11.16万平方米。征收补偿方式包括货币补偿和产权调换（房屋安置），选择产权调换的实行异地安置，地点为伴山居小区、万科翡翠公园、盛福花园小区和华阳新区。项目征迁规模在近年来历下区老城范围内最大。

（2）开发模式与投融资模式

按照国家开发银行与济南市人民政府签订的《"十四五"济南市高质量发展暨城市更新开发性金融合作备忘录》有关内容，"十四五"期间，国家开发银行将在城市更新、医疗健康、黄河流域生态保护和高质量发展等七大重点领域向济南市提供融资支持。2021 年 11 月，国家开发银行山东省分行对济南古城（明府城片区）城市更新项目发放了 55.5 亿的城市更新贷款。

（3）项目理念与价值

项目按照"留、改、拆"并举的思路，以保护和更新为遵循，以突出历史文化和泉城风貌为核心，通过恢复老街巷历史风貌、传承传统工艺、打通历史老街断头路、拓展公共空间、修缮文保建筑等方式，全面提升该片区的城市功能和人居环境，打造宜居、宜业、宜行、宜乐、宜游的承载古城记忆的老城区，增强人民群众的获得感和幸福感。

结合当地实际，加强与国家开发银行、中国农业发展银行等政策性银行合作，在历史文化保护传承、老旧小区改造、园区提质、产业发展等方面开展全面合作，全力争取政策性银行的融资支持。

14. 上海虹口区 17 街坊旧区改造城市更新项目

（1）项目概况

虹口区 17 街坊是市中心的老式里弄，东至江西北路、南至海宁路、西至河南北路、北至武进路，共涉及居民 2690 证、3010 户，企事业单位 58 证。房屋大多建造于 1912—1936 年，是砖木结构的二级以下旧里，房屋破旧、居住环境差，存在较大安全隐患，居民多年来盼望旧改的呼声十分强烈。本次城市更新的主要目的是提升旧区居民的生活质量，同时修缮、复建历史建筑，保留历史建筑风貌特色。

（2）开发模式与投融资模式

虹口区 17 街坊旧区改造项目采取"市区联手、政企合作、以区为主"的模式，由上海虹房（集团）有限公司（虹口区国资委全资控股)与上海市地产集团(上海市国资委全资控股)按照 40% 和 60% 比例分别出资,成立虹口城市更新建设发展有限公司(以下简称"虹口城市更新公司")作为实施主体。虹口城市更新公司参与项目前期征收和施工前期准备工作,并在完成房屋征收补偿形成"净地"后,通过定向挂牌、邀请招标等程序获得土地使用权,最后经由复建、修缮、改建类房屋运营、新建资金平衡项目实现收益。虹口区 17 街坊旧区改造项目于 2019 年 5 月启动,规划建筑面积 10.84 万平方米,涉及居民 2690 证、3010 户,企事业单位 58 证,建设期限为 5 年,运营期限为 10 年。该项目总投资 153.89 亿元,其中一级开发部分投资 143.51 亿元、二级开发部分投资 10.38 亿元。项目资金通过资本金(自有资金)、债券资金、银行贷款方式解决,其中,20% 项目资本金为 30.78 亿元,由虹口城市更新公司的股东按股比出资;债券资金 30 亿元;剩余资金通过银行贷款方式解决。

(3)项目理念与价值

虹口区 17 街坊是全市创新旧区改造模式,实行"市区联手、政企合作、以区为主"的首个旧改项目。在新模式中,17 街坊创出了全市"四个第一":第一个做出征收决定,第一个启动居民签约,第一个征收生效,第一个成功交地。

15. 广州海珠区琶洲村"城中村"全面改造项目

(1)项目概况

琶洲村位于琶洲岛中部珠江南岸,紧邻国际会展中心,地铁 4 号线与 8 号线在村东南侧交会,区位十分优越。改造前村内环境脏乱、潮湿拥堵、房屋老旧、危楼林立、用地规模有限、建筑密度高、建筑质量差、配套设施不完善,村内存在许多安全和卫生问题,与周围欣欣向荣的发展建设形成鲜明对比。不但给村民的生活带来了诸多的不便，也与琶洲国际会展商贸中心的地位不符，严重影响了广州作为国际大都市应有的市容市貌，正所谓"村里脏乱差，村外现代化"，琶洲村改造需求迫切。2009年，广东省、广州市分别出台"三旧"改造政策文件，积极推进城中村改造工作。琶洲村是广州市"三旧"改造首先启动的九条村落之一。

琶洲村隶属海珠区琶洲街，2002年转制成立琶洲经济联合社。常住村民约1300户，人口约5500人。改造范围总用地面积75.76公顷，包括村镇居住用地36.07公顷，村经济发展用地面积18.32公顷，其他用地包括道路、军事、园地及池塘用地共21.37公顷。改造前现状总建筑面积约73万平方米。

（2）开发模式与投融资模式

项目总投资约170亿元，改造规划总用地面积75.76公顷，划分为十三个地块。其中地块一、三、四、五为融资地块，地块十、十一为安置地块，地块十三为中小学用地，其余地块为道路、绿化用地。改造范围内的集体土地全部转性为国有土地。琶洲村城中村改造以村社为主体，通过公开招拍挂引进社会资金进行改造（2009年10月保利地产摘牌），并根据"三旧"改造有关规费优惠政策，实行税费减免和返还优惠政策。

（3）项目理念与价值

琶洲村采取"城中村整体拆除重建"的全面改造模式，形成了其独具特色"政府主导，市场运作，村民自愿，多方共赢"的"琶洲模式"，得到了社会各界的认可，更是造福村集体及广大村民的民生实事，取得了良好的经济成效和社会成效。

改造后相关指标"一降四升"：建筑密度由62%下降到18%、绿地率由4%提升到46%、市政用地由2%增加到16%、公建配套面积比例由0.8%增加到6%、村集体及村民收入大幅提升。

琶洲村改造后增加20万平方米的集体经济物业，保守估计改造后股民人均每年增加约4.5万元的分红收入，村民个人房屋资产升值超4倍。

琶洲村地块按照"一轴四区"的功能结构细分，以特色商业步行街为主轴，联结滨水居住区、村民安置区、SOHO办公区和商业办公休闲区四大块，建设成为商贸与休闲汇集的会展东翼、品质与文化兼具的国际高端城区，改造后初步呈现"广州的曼哈顿"这一理想效果。

通过琶洲村改造，商业性质类建筑面积达到100多万平方米，为区域招商引资、引入新兴产业提供了大量的优质载体。客观上将原来一些低端产业拒之门外，也促使低端产业劳动人口外移，达到了优化空间布局、完善基础设施配套建设的目的，彻底改善城市面貌和人居环境，提升居民生活品质，促进产业结构、人口结构转型升级，实现经济的可持续发展，将美好的规划愿景变为现实。

16. 广州黄埔区沙步旧村改造项目

（1）项目概况

广州市黄埔区南岗街沙步旧村改造项目二期复建区AP0709029地块项目位于黄浦区东部、南临广州保税区、西临开发大道、东至南岗村，广深公路由北侧经过，处于连接广州开发区东区、西区的咽喉部位，位于广州开发区黄埔临港经济区建设范围内。

沙步旧村北侧大部分土地已被政府征用，作为将军山国际机械城，东西两翼分别为南岗村、夏园村，同步推进城中村改造工作。全村14个经济社，截至2010年10月，全村户籍总人口9942人，户数3154户。目前，沙步主要经济收入来源于厂房、写字楼、商业广场、农贸市场等物业的租金收益。现状建筑包括村民住宅87.43万平方米，集体经济发展物业72.65万平方米，公建配套2.58万平方米和历史建筑0.43万平方米。

黄埔沙步旧村因公配设施存在设施不足、经营管理混乱等诸多问题，城市更新迫在眉睫。沙步旧村项目于 2016 年列入城市更新和资金计划预备项目。2021 年 7 月，沙步旧村改造实施方案获得区政府正式批复。因村民自主更新意愿强烈，最终批复由村集体自行更新。经测算，改造总成本为 125.51 亿元，项目规划复建安置区面积总计 87.98 公顷，净用地面积 48.08 公顷，平均净容积率 4.31，融资区面积总计 70.29 公顷。

（2）开发模式与投融资模式

村集体经济组织在组织完成房屋拆迁补偿安置后，再按规定申请转为国有土地，直接协议出让给原农村集体经济组织与市场主体组成的合作企业；经批准后，由合作企业与市国土部门直接签订土地出让合同。

（3）项目理念与价值

保留文物及风貌建筑近 2000 平方米，整个改造过程中，坚持"修旧如旧"，"所有文物、古树都是原址保存，原封不动"。湖泊以北的古建筑开放区已经显露雏形，区域内 11 处黄埔区登记保护文物单位及 22 处传统风貌建筑等古建筑将得以原址修缮和保护。使当地居民生活水平提升的同时，增强当地居民的归属感与幸福感。

（二）住区更新类

随着人民对美好生活的不断向往，住区更新已成为城市更新中必不可少的重要组成部分。住区更新不仅关注提升居民的居住条件和生活质量，还涉及社区活力的激发、邻里关系的重塑以及居住环境的改善。本章节将聚焦住区更新的多样性和复杂性，通过分析北京、深圳、日本、瑞典等不同国家和地区的老旧小区更新案例，探讨如何有效地实施住区更新，以满足现代社会的需求和期望。

在北京，老旧小区的更新常常面临密集的居住人口和有限的空间资源的挑战。通过更新物理空间资源、改善基础设施、增设公共设施等措施，老旧小区正在逐步转变为更加宜居和充满活力的社区。在深圳，快速发展的城市经济和人口增长对住区更新提出了更高的要求。通过采用智能化管理和服务，对城中村进行综合整治，深圳的老旧小区正在变得更加现代化和便捷。

在国际上，瑞典的住区更新更加注重生态和环保，通过引入绿色建筑技术和可再生能源，实现了对环境的最小影响和资源的可持续发展。日本的住宅更新案例讲解了通过闲置老旧建筑转化为出租住宅，从而解决社会弱势群体生存困难问题，活化了此类出租住宅的使用形态，同时增强社区凝聚力。

无论是在国内还是国外，住区更新都是一项复杂的系统工程，要求在保护历史文化、尊重居民意愿的基础上，综合考虑经济、社会、环境等多方面因素，制定切实可行的更新策略。本章节将详细分析这些案例，探讨其成功的开发模式与投融资模式的经验，以及项目的理念与价值。希望能够为住区更新领域的专业人士和决策者提供有价值的参考和启示。

1. 北京大兴清源街道兴丰街道项目

（1）项目概况

项目包括：大兴清源街道枣园社区、兴丰街道三合南里社区

2020年1月2日，大兴区召开社区治理试点工作推进会，引入社会资本，以清源街道枣园社区、兴丰街道三合南里社区为试点，正

式启动老旧小区有机更新试点工作。

①清源街道枣园小区——超大社区有机更新

枣园社区是20世纪90年代建成的回迁、商品混居社区，建筑面积28.7万平方米，现51栋楼，272个楼门，3380户居民，13100人，85家底商，5家辖区单位，是典型的超大社区。在居民的共同参与下，公共区域内景观绿化提升、道路安防优化、休闲设施打造、便民配套新增等已全部完工。通过简易低风险政策，新建便民服务配套，提升社区居民生活便捷度；社区内引入厨余垃圾处理设备，打造共享菜园花圃；利用闲置配电室改造为居民议事厅，用于举办党建活动等室内活动场所使用。

②兴丰街道三合南里组团——点状分散社区改造（愿景）

三合南里社区包含3个自然小区，分别为建馨嘉园、书馨嘉园和三合南里南区。三个小区总建筑面积8.9万平方米、含16栋楼、1147户社区居民、3000余人。组团还包含社区外闲置锅炉房、堆煤场、底商等闲置资源。通过产权单位资源置换，实现物业服务引入及社区改造提升，补充社区便民配套功能；并统筹片区资源，打造街区综合便民服务中心，打造"十五分钟美好便民生活圈"。

建设进度及计划安排：示范区及锅炉房的建设改造已启动运营。

（2）开发模式与投融资模式

在大兴区老旧小区数量多，范围广，资源分配不均匀的情况下，大兴区委区政府在经过多个老旧小区的实地走访，调研街道社区相关闲置低效资源，形成了以老百姓实际需求为导向，统筹规划社区、街区、片区资源，充分利用城市更新的政策红利，撬动社会资本在投融资、设计、运营等方面的投入，将政策有效落实的同时为老百姓带来切实的利益，并将该模式在大兴区逐步进行推广。

以兴丰街道三合南里组团为例，政府委托愿景开展组团内老旧小区改造及锅炉房改造任务，其中老旧小区改造由政府出资补贴，锅炉房改造由愿景投入，投入约2000万元进行运营自平衡。

(3) 项目理念与价值

①片区统筹，充分挖掘空间资源。大兴区老旧小区数量较多，涉及范围较大，资源分布情况不均衡，遵循三个层面逐步实现全域整体更新：一是，资源较丰富社区实现社区自平衡改造；二是，打破单社区物理空间边界，以街道为基本单位统筹相邻社区组成的"街区"乃至区域整体资源，以区域内强势资源带动自平衡及"附属型"弱资源社区，形成资源互补的组团联动改造，实现"片区统筹、街区更新"；三是，复制多元协同、资源统筹模式，带动相邻街道、社区积极挖潜资源，逐步覆盖大兴全域。

②落实政策，为居住社区补短板。结合前期居民调研及社区周边配套市场调研结果，利用社区内闲置空间，通过《关于完善简易低风险工程建设项目审批服务的意见》(京规自发〔2019〕439号)、《关于印发〈北京市老旧小区综合整治工作手册〉的通知》(京建发〔2020〕100号)等政策，新建便民服务配套，提升社区居民生活便捷度。改造后社区居民不用走出社区，便可享受社区食堂、养老托幼、文体活动室、缝补维修、无障碍卫生间等便民服务。针对居民核心诉求，利用社区外街区内闲置的锅炉房和堆煤场，打造辐射周边多社区居民的街区级便民服务中心。引入便民菜店、社区食堂、缝补裁衣、便民理发、文具办公、图书阅读、体育运动等生活服务功能，打造集便民服务配套和文化体育活动为一体的综合便民服务场所——三合·美邻坊，实现15分钟美好便民生活圈落地。

③高位统筹，建立多元协同机制。区委区政府高位统筹，多次调研试点建设，多次批示试点专报，多次召开试点专题会议，推动项目建设，并建立周例会、周专报、周督办机制，确保项目顺利落地。改造方案设计初期，采集2000余份居民调查问卷，结合数月的实地勘探结果，深入挖掘居民核心需求及痛点，融入改造设计方案及居民服

务体系中。改造方案初稿形成后，召开"拉家常"议事会，采集居民意见，优化设计方案。改造实施中，吸纳社区居民代表、各领域专家作为小区改造的"居民顾问"，成立"社区智囊团"，实施监督、建言献策。

2. 深圳元芬新村整村统租运营项目

（1）项目概况

元芬新村是一座占地超10万平方米的大型城中村，因位于深圳地理中心、毗邻深圳地铁6号线元芬站和4号线龙胜站，吸引众多来深奋斗者在此栖居，村内居民超过2万人。过去的元芬新村，环境杂乱、设施老旧、缺乏管理，生活也毫无便利性可言。2018年，深圳市龙华区元芬社区与愿景集团的深圳愿景微棠商业管理有限公司（以下简称"愿景微棠"或"微棠"）展开合作，对元芬新村进行综合整治，将原本生活处处不便的城中村打造成了符合年轻人租住需求的微棠新青年社区。2019年，元芬新村城市综合整治项目顺利完成，实现路面硬体化、墙面清洁化、雨污分流等，环境卫生、消防安全、社区治安等有了极大改善。

（2）开发模式与投融资模式

《深圳市国民经济和社会发展第十四个五年规划和二〇三五年远景目标纲要》中提出，"鼓励城中村规模化租赁，持续改善城中村居住环境和配套服务"，而大浪街道在2018年开始进行这方面的先行探索。

由龙华区大浪街道党工委主导，陶元社区党委、元芬社区股份合作公司党支部穿针引线，引入社会资本愿景集团，以整村统租方式，对元芬新村实施整体规划、全面改造、空间重塑、风貌提升以及优质服务供给。

目前，微棠社区项目已覆盖元芬新村 100 余栋出租楼，占据新村近半空间。

（3）项目理念与价值

在战略方向和具体合作上，大浪街道党工委最终明确：坚持"党委引领、政府市场协同、居民参与"思路，以元芬城中村为试点，以居民为中心，通过引入愿景微棠，协同街道社区在元芬新村实施整村规划、功能分区、便民设施建设、楼栋安全改造、公共空间打造等工作，并提供可持续、专业、精准的物业管理与运营服务，建设宜居、智能、高效、优质的城中村综合服务体系，探索出一套具有内生循环动力的城中村可持续发展模式。

在实操层面，项目运营方通过引进物业管理、市政、环卫、绿化、工程、消防等各类型的专业技术人才，对元芬新村全域实行一体化规划，将整村规划设计为健康生活区、综合服务区、特色文化区、创新创业区和商业区，分期分阶段实施建设与改造。

3. 北京真武庙老旧小区改造项目

（1）项目概况

开创全市首例"租赁置换"模式，老旧小区变身人才公寓。北京市西城区真武庙五里 3 号楼，建成于 1981 年，有着大多数老旧小区的"通病"。此外，真武庙项目所处的西城区是北京市的核心区，紧邻金融街商务圈，附近有大量租房需求的就业人群；然而真武庙老旧小区内出租屋的条件难以满足此类人群的租住需求，许多人不得不选择距离较远、居住条件相对较好的小区入住。

为了改善真武庙老旧小区的现状，给居民提供更宜居的居住环境，同时，帮助核心区就业人群实现就近居住、就地居住的需求，2019 年底，西城区住建委引入愿景集团，推进真武庙五里 1、2、3

号楼及真武庙四里5号楼的更新改造工作。改造启动前，愿景集团、街道以及小区三方组成入户小组进行走访调查，全面调研居民改造需求，不断完善并优化改造方案。

2021年10月愿景集团正式启动了真武庙五里3号楼的改造工程。改造过程中，愿景集团针对小区室内外环境进行了系统整改：小区安防设施完善、楼道线缆规整、屋顶防水重新铺装、公区功能合理规划等。此外，愿景集团旗下的和家生活科技集团也已于2019年初进驻真武庙项目，先后根据居民需求在小区内引入了汽车充电桩、智能快递柜等多个便民设施。

（2）开发模式与投融资模式

项目实施过程中，愿景集团根据各方的不同需求，提供了多样置换实施方式。除了给付租金外，还积极为自住业主寻找置换房源，并辅助以免费找房、搬家、保洁增值服务，形成定制化置换方案。

"租赁置换"模式适用于多产权单位的老旧小区，通过租金置换、改善置换、养老置换等多样化的方式，获取老旧小区房屋的长期租赁权；同时，通过对房屋内部及小区公共区域改造提升，打造满足区域职住平衡的人才租赁住房。

（3）项目理念与价值

"租赁置换"，是愿景集团在真武庙项目开展过程中，结合社区环境、周边情况等因素，采取的老旧小区改造与建设新型租赁社区相结合的创新模式。一是，通过租赁置换解决原住居民想改善居住条件"出"的需求；二是，通过改造提升居住环境，解决金融街周边高端人才就近居住"入"的需求；三是，实施改造后降低了居民投诉，解决属地政府、街道、社区的"痛"点；四是，项目微利可持续，可实现社会企业"盈"的需求；五是，通过创新老旧小区改造模式，形成可复制、可推广、可持续的方案，实现了政府部门"促"的要求。

真武庙五里3号楼的改造是北京市第一例采用"租赁置换"模式的旧改项目,成为北京市老旧小区改造继"劲松模式"后的又一创新案例。真武庙项目的成功落地,实现了让居民获益、产权单位减负、政府放心的共赢局面;同时,也为环境与地段错配、人群与地段错配的老旧小区打造安全便捷、服务提升、人群结构合理的新型全龄租赁社区提供了行之有效的改造范例。

4. 北京丰台南苑棚户区改造项目

(1) 项目概况

南苑棚户区改造项目位于北京市丰台区东南角。项目占地面积约75公顷,共包括A、B、C、D、E五个地块,涉及居民7000多户(约20000人)、企业36家,现状房屋总建筑面积约46万平方米,其中住宅总建筑面积约36万平方米。

实施过程中问题与难点:一是,居民的拆迁补偿期望高,因企业搬迁补偿不高积极性差;二是,被拆迁人原房建筑面积的1.7倍认定,规划住宅规模难以满足安置需求;三是,资金总投入约60.65亿元,入市地块收益难以解决资金平衡问题。

(2) 开发模式与投融资模式

①实施主体:北京市丰台区房屋经营管理中心(开发主体)
　　　　　　北京城建集团有限责任公司(施工主体)

②模式:北京棚户区改造的典型模式,政府为实施主体拆迁安置,通过土地入市收回前期投资成本。

③资金平衡方案:南苑棚户区改造范围内有多处政府机构及企事业单位,如南苑街道办事处、房管中心等,上述单位的搬迁均提出还建需求,还建规模约4万平方米。为促进企业搬迁工作,满足还建

需求，对入市 C 地块（C1、C2、C3）的容积率进行调整，在保证入市经营性面积不减少的前提下，调增的面积全部用于还建。

④具体调整方案：C1 地块（容积率为 2.2）、C2 地块（容积率为 2.5）、C3 地块（容积率为 2.8），容积率统一调整到 3.0，调整后可增加建筑面积约 3.98 万平方米。

（3）项目理念与价值

充分发挥政府的行政资源优势，政府公信力强，居民自发支持配合。在拆迁过程中，制定清晰明确的规则、补偿标准、奖励与补助标准，使过程顺利进行，得到居民支持；建立一对一服务机制，答疑解惑、处理矛盾；属地国企作为开发建设企业，与政府步调一致，确保当地居民的利益实现最大化。

5. 北京丰台东铁营棚户区改造项目

（1）项目概况

东铁营地区位于北京丰台南三环与蒲黄榆路交叉口东南部，属于城乡结合部。项目占地面积 56.5 公顷，其中国有土地面积 35.2 公顷，国有企业建筑面积 22.1 万平方米；集体土地面积 21.3 公顷。共划分为 23 个地块，用地范围内现状房屋建筑面积约 53.93 万平方米。自 20 世纪 80 年代至今，该地区经历了多年的无组织自发建设，开发地块零散、缺乏规划统筹，现状区域环境及居民住房条件均亟待改善。

（2）开发模式与投融资模式

①实施主体：中国铁建股份有限公司
　　　　　　中铁建置业有限公司（开发主体）
　　　　　　中铁建设集团有限公司（参与施工建设）
　　　　　　总投资 200 亿元

②模式：总投资 200 亿元北京棚户区改造的典型模式，在项目实施阶段，政府与实施单位签订合同，委托企业在棚户区改造政策范围内筹措资金，进行拆迁、征地、补偿和基础设施与安置房建设。在项目收益分配阶段，政府进行土地出让获得土地出让金，并按照合同约定，支付企业实施成本和固定比例收益。

（3）项目理念与价值

①市政道路升级。完善路网系统，改善出行环境，增加城市道路用地，落实增加街坊路要求，打通多条现状尽端路，提高道路实施率。道路全部实施后，项目地块内的道路实施率可由现状 53.86% 提升至 97%。当前市政配套建设的规模及主体暂未确定，待区政府明确后，另做开发计划。

②产业提升。建立以普惠健康产业为核心主导，以配套服务业为关键支撑的高端产业体系。其中普惠健康产业主要包括智能医疗、可穿戴医疗设备、健康服务等内容；配套服务业主要包括创新创业服务、科技金融服务、创意商业服务、创新社区服务等内容。

6. 深圳蔡屋围城中村城市更新项目

（1）项目概况

蔡屋围位于深圳市罗湖区，是一个拥有 700 多年历史的老村，其占地面积约 4.7 万平方米。2003 年 5 月经深圳市规划国土部门批准，"蔡屋围金融中心区规划设计方案"确认为市、区重点城市更新项目。

（2）开发模式与投融资模式

①实施主体：京基集团有限公司（开发主体）。

②模式：政府指引、市场主导；政府、企业以及村民共赢。村集体股份公司将集体土地和物业当作股份来作为城市化盈利分红的模

式,在深圳乃至全国类似的城镇化改造中已成为广泛应用的范例。

③安置措施:根据拆迁补偿协议,原村民的物业按照 1∶1 的拆迁补偿比例置换为京基 100 的商品住宅;通过回迁安置置换了 6.25 万平方米的高档新物业。

④资金回报:村集体股份公司独立经营的商务公寓出租率达 98%,年租金收入为 3600 万元;委托开发单位统一经营的 3 万平方米物业的租金收益达 2400 万元;物业收益合计 6000 万元。

(3)项目理念与价值

①统一管理,提高物业管理质量。村集体股份公司管理 3.25 万平方米的商务公寓,其他 3 万平方米的回迁物业都交由开发单位统一经营管理,提高物业管理质量。

②打造共赢局面。居住条件好,物业收益高,城市更新有成效,村民、村集体股份公司、开发商、政府共赢局面。

7. 深圳华富村棚户区改造项目

(1)项目概况

华富村东、西区位于深圳中心公园东侧,笋岗西路及华富路交会处西南侧。最早建设于 20 世纪 80 年代,最初用作政府机关和国企、事业单位的福利分房,1998 年房改时大部分出售给员工。小区内配套设施匮乏,排水管道、交通路网不畅,停车位极度紧张,人车不分流,严重影响了小区居民的生活质量,且存在建筑质量、消防等安全隐患,小区居民对改造的期望和诉求十分强烈。

(2)开发模式与投融资模式

①实施主体:(政府)深圳市福田区土地整备中心(法定履行房屋征收职责的政府部门),实施依法征收。区属全资国有公司深圳市福

田投资发展公司成立专门项目企业深圳市福田福华建设开发有限公司（开发单位），完成协议签署、拆迁补偿、回迁安置等工作。再通过项目公司从代建单位预选库中公开招标选定华润置地为施工单位负责项目全过程建设。

②模式：政府主导＋国企实施＋建造安置房＋建造保障性住房

③安置方案：华富村业主可选择按照评估价 5.5 万元/平方米进行货币补偿；也可以选择套内面积 1:1 或建筑面积 1:1.18 两个回迁方案。还拥有 25 平方米的购买优先权，其中 13 平方米按照 9000 元/平方米购买，剩余的 12 平方米则按照市场评估价的 9 折认购。

（3）项目理念与价值

政府推动，征收补偿效率高。有实际的补偿模板，抑制极少数业主的"贪婪"，针对迟迟不签约的业主房屋可以走司法程序，进行行政征收；提供大量人才公寓（只租不售）和保障性住房；只要签约率超过 90%，可强制回收房屋土地。

8. 北京劲松社区更新改造项目

（1）项目概况

劲松北社区的一、二区更新规模约 20 万平方米，共有居民 3605 户，40% 是 60 岁以上的老年人，37% 是在此租房的年轻人。资金缺口大，采取了"四点模式"：政府出一点，居民出一点，产权单位出一点，社会资本引进一点。

组织方：北京愿景久伴管理咨询有限公司

投资方：北京愿景明德管理咨询有限公司

2018 年 7 月，项目启动，总投资 2 亿，愿景投入自有改造资金总额 3000 万元，并身兼设计、建设、管理、运营一体化的多元角色。2019 年 8 月完工。

（2）开发模式与投融资模式

五方联动的工作机制：区级统筹、街乡主导、社区协调、居民议事、企业运作。

区级政府负责统筹，街乡与社区整合小区可利用资源，根据居民议事结果，合理布局小区配套服务设施，搭建投融资平台，整合老旧小区综合整治政府补贴资金和专项资金。企业根据居民议事结果进行项目规划、设计施工，获得商业经营场所的经营权，通过长期的现金流收入来回收前期投资成本。

社区改造方案、物业企业的选择、物业服务标准和物业费的定制等，由居委会牵头，通过居民议事协商制度收集意见，达成共识。

"劲松模式"是在政策平台的大背景下，老旧小区更新的管理模式、运营模式、出租模式、投资模式及商业模式等的集合体。

（3）项目理念与价值

①微利可持续。以劲松北社区为例，低效闲置空间经营所产生的租金收入占集团投资回报的46%，物业费占26%，停车费占19%，其他款项占9%。通过基础物业费、配套商业用房租金收入、停车费及街道补贴（主要是垃圾收缴费用），企业的投资利润达到6%～8%。据测算，企业投入的改造资金约在14年后全部收回，并实现微利、可持续经营。

②盘活闲置空间。以EPCO（Engineering Procurement Construction, Operation 是指受业主委托，按照合同约定对工程建设项目的设计、采购、施工、运营等一体化全过程的总承包。）等方式盘活闲置空间，核心是使灰色地带合法化。收益本质——政策+资源，路径不同，但都有解决方案。

9. 重庆九龙坡区城市有机更新老旧小区改造项目

(1) 项目概况

为确保项目的资金投入，保障城市更新的长效运营效果，为市民提供可持续的高品质生活，重庆市九龙坡区 2020 年城市有机更新老旧小区改造项目采用 PPP 模式公开招采有资金实力和运营能力的社会资本，进行项目的投资、设计、融资、建设、运营全流程服务，并加强在实施过程中党建引领的作用，提升居民参与度、支持率和获得感。

该项目包括：九龙坡区红育坡老旧小区、劳动三村、杨家坪农贸市场周边片区老旧小区、杨家坪兴胜路片区、兰花小区、埝山苑片区老旧小区六个小区及周边相关配套。项目建设期 1 年，于 2021 年 11 月 30 日完工。当前白马凼社区示范点已完成建设，其他片区的改造工作正在稳步推进中。

(2) 开发模式与投融资模式

创新模式：全国首个采用 PPP 模式的老旧小区改造项目（仅一标段）

项目投资额：项目总投资约 3.7 亿元，九龙坡区政府运用市场化方式，采用"改建—运营—移交"（ROT）模式引入社会力量，提供资金"活水"。

2020 年 9 月，重庆市九龙坡区城市有机更新老旧小区改造项目采用 PPP 模式进行，社会资本方为北京愿景华城复兴建设有限公司、核工业金华建设集团有限公司、九源国际建筑公司，政府出资方为渝隆集团，双方共同出资组建 SPV 项目公司，采用 ROT 模式运作，合作期限 11 年，回报机制为可行性缺口补助。

投资人 +EPC 模式由政府委托下属国企与工程建设企业共同出资

成立合资公司,由合资公司负责所涉及城市更新项目的投资和建设运营,项目收益主要为运营收益及专项补贴。该模式能够引入大型工程建设单位及专业运营商,但需要注意项目合规性,以免新增隐性债务。

具体来看,投资人+EPC模式的一般流程是:①地方政府授权地方国企招标投标及项目实施;②地方国企通过招标投标程序选择社会资本方;③社会资本方单独或与地方国企成立项目公司;④项目公司与社会资本方签署EPC协议;⑤项目公司进行投资、建设、运营;⑥地方政府向地方国企拨入财政资金;⑦地方国企向项目公司支付投资回报;⑧社会资本方通过出让股权等方式实现退出(图2-1)。

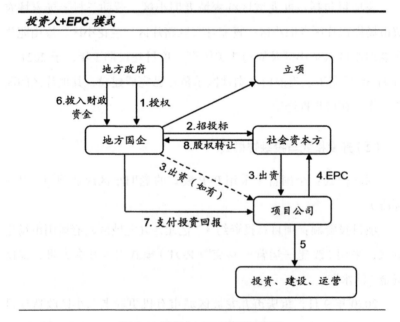

图2-1 投资人+EPC模式流程图

(3)项目理念与价值

①改造资金——创新PPP模式、多方筹集。PPP模式极大地缓解了政府投资压力,发挥社会资本资产管理优势,重塑片区商业环

境，激活片区低效与闲置资产。政府通过提供引导资金，给予水、电、施工建设、经营资源等配套支持，引入市场主体从投融资、设计、建设、后续物业管理等全过程规模化实施"建设管理运营一体化"，挖掘片区闲置资产再利用，统筹实施基础类、完善类、提升类改造内容，实现可持续运营。

②改造方案——党建引领、民主协商。构建"五议"工作机制，提升居民参与度、支持率和获得感。一是，居民提议，社区党委召开院坝会收集意见，运营单位上门入户开展问卷调查；二是，大家商议，梳理群众急难愁盼的改造重点开展方案设计，及时公示、会商；三是，社区复议，对大部分居民同意的事项，由社区党委会同社会资本方召集有不同意见的居民群众开会沟通、疏导或上门入户做工作，争取意见最大化统一；四是，专业审议，对基本确定的方案由市、区住建部门先后召集现场踏勘并会同相关部门，进行共同审议、把关确定；五是，最终决议，审议后的方案再与居民统一思想，落地实施，确保支持率近100%。

③长效运营——专业+自治、传统+智慧。引入专业物业公司和居民自治相结合，探索智慧化管理模式。一是，实施专业管理，引入专业物业公司入驻，负责项目改造后的区域化物业管理服务工作；二是，实施自治管理，构建四级组织架构，即：街道党工委、社区党委、网格党支部、党小组分级领导下的小区自治领导小组，统筹组织并引导发动好整个片区、各个小区的自治工作，组建四支志愿者队伍，会同物业共建共治共管；三是，实施智慧管理，在公共区域增设视频监控、违停抓拍等设施，增设化粪池安全监测及自动报警系统、智能门禁系统等，有效提高了老旧小区的安全防范和应急处置能力。

10. 北京首开老山街道东里北社区更新改造项目

（1）项目概况

石景山区老山街道东里北社区，建成于1998—1999年，占地10万平方米，常住人口1440户、5000余人，其老年住户比率为70%，环境和公共设施落后、停车难。

改造后：修缮道路2500平方米，绿化美化1.6万平方米，楼道内粉刷3.35万平方米，安装铁艺栅栏570平方米，拆除地锁500余个，清理楼内堆物堆料103处，门禁安装76处，修建无障碍坡道76处。

（2）开发模式与投融资模式

2018年3月23日，北京市政府出台《老旧小区综合整治工作方案（2018—2020年）》。

2018年3月按照非经营性资产移交的要求社区由首钢集团移交至首开集团，由首开集团下属的北京首华物业管理有限公司进行物业管理。

2019年7月，首开集团与北京市石景山区人民政府签署了《石景山区与首开集团战略合作三年行动计划（2019—2021年）》。

2019年，首开集团成立工作专班工作组，听取居民意见，指定"10+1"项更新改造提升工程。

初步改造历时4个月。

2020年5月，建立了社区内首个居住小区生活垃圾分类投放驿站示范点，并对小区内31组桶架进行升级改造。

（3）项目理念与价值

首开集团2019年开始转型发展，当年3月北京市委市政府赋予首开集团新定位，致力于打通城市空间建设、改造、保护、修缮与运营服务的全生命周期，建立集城市开发、城市更新、城市保护于一体的综合业务模式，增加集团在城市价值链布局上的广度和厚度，实现集团新时代的新发展。经过一年多的发展，正探索形成城市运营的"首开经验"。

11. 日本大阪 NICE 株式会社项目

（1）项目概况

2019年10月，统计显示日本全国65岁以上老年人比上年增加32万人，达到3588万人，占总人口的比例升至28.4%。为鼓励民间资本参与老年住宅建设和管理，日本政府近20年内先后修订或制定了《高龄者居住安定确保法》《住生活基本法》等法律法规，展开了以居住权保障为核心的"居住营造"，其中包括鼓励用闲置建筑改造为老年住宅。NICE 株式会社就是其中的一家开发企业，其主要针对大坂西城地区高龄化人口比例较高的区域，通过业主合作改建原有的老旧建筑，将其转化为出租住宅。

2012年底，NICE 株式会社已完成5幢住宅改建方案，总共提供了179个出租居住单元。通过这种方式将原有的老旧建筑转化为给高龄群体居住空间的方式，有效解决了社会弱势群体的生存困难问题。

（2）开发模式与投融资模式

NICE 公司不仅仅参与项目开发，也接手这些出租住宅的经营管理业务，即除了参与住宅开发的计划和兴建工程外，还担任其中4幢住宅完工后的出租管理角色（表2-4）。

（3）项目理念与价值

从表2-4中可以看出，NICE 的第一幢出租屋住宅 Masui（增井公寓）于地面层设置了社区店铺，强化生活机能，包括 NICE 开发事业

住宅改建方案　　　　　　　　　　　表 2-4

	Masui	Blance Court	Community House	Ibis Court	Asyl Court
房东	4个房东	NICE公司和其他附属企业	NICE的相关企业	社会福祉法人	NICE和社会福祉法人
构成	48间出租房 身障 痴呆症 店铺（NICE的总部）	37间出租房 身障 店铺（饮食） 办公室（教育事业）	37间出租房 身障 痴呆症 办公室（家政、看护等） 追踪护理中心	24间出租房 身障 痴呆症 办公室（家政公司） 店铺（饮食）	33间出租房 Care Home 卫星式养老院 店铺（饮食、交流空间）
管理方式	当地的房地产老店	前期NICE和当地房地产老店合作，后期交给NICE管理物业	NICE	NICE	NICE
运营情况等	原住户和新住户逐渐替换	饮食店经营苦战 住户类型很适当	支援与管理的分开 住户、支援者、房东之间的联络会议	另有生活之源服务 共同空间很充实	支援劳动年龄低收入者的自立 高龄者和残障

总部也设置于此。该住宅楼层兴建完成后，再交由原地主接手后续出租管理事宜。紧接着，NICE在此基地旁购置了一块土地，尝试以年轻夫妻为主要承租对象，兴建一幢名为Blance Court（集合住宅），并在其地面层经营一家意大利式餐馆，希望能够以不同的生活风格，活化此类出租住宅的使用型态。与此同时，NICE企业也关注社区生活的各个层面，在这些住宅区附近经营各种公共服务设施：食堂、澡堂、药局、医疗等，希望尽可能全面地照顾到高龄住民在生活上的各项所需，让高龄单身居住者不仅有屋可住，还能在生活起居各方面得到基本的照顾。

通过上述，我们看到城市衰败存量空间在专业团队的引导下，经过与在地居民良好地互动融入，得到了市民的广泛认可与支持，也成为在地居民的生活空间，并以此为触媒带动了街区振兴。

12. 红土深圳安居 REITs 保障房项目

（1）项目概况

2022 年 8 月 31 日上午，全国首批保障性租赁住房 REITs 举行上市仪式，以市属国企深圳市人才安居集团有限公司（以下简称：人才安居集团）作为原始权益人的红土创新深圳人才安居保障性租赁住房封闭式基础设施证券投资基金（以下简称：红土深圳安居 REITs，证券代码：180501）正式在深圳证券交易所挂牌上市，成为深交所首单保障性租赁住房 REITs 产品。

红土深圳安居 REITs 基金底层资产为安居百泉阁、安居锦园、保利香槟苑、凤凰公馆等 4 个优质保障性租赁住房项目，均位于深圳核心区域或核心地段，交通便利，配套齐全，建筑面积合计 13.47 万平方米，包含 1830 套保障性租赁住房。同时，人才安居集团已累计建设筹集公共住房约 16.7 万套，供应公共住房约 6.2 万套，在"十四五"期间计划承担深圳三分之一的保障性住房建设筹集任务，为后续扩募提供了丰富的资产来源。

（2）开发模式与投融资模式

在此次试点过程中严格贯彻"专款专用、专门负责"的理念，在法律地位、建设主体、资金运用等方面实现专门管理，同时加强信息披露工作，有效规避了募集资金流入房地产市场的风险。根据基础设施项目的评估值 11.58 亿元作为募集资金规模测算，预计在 2022 年下半年及 2023 年，该基金可供分配金额分别为 2453.3 万元、4918.35 万元，投资者净现金流分派率分别为 4.24% 和 4.25%。

（3）项目理念与价值

有利于拓展权益性资金来源，率先打造保障性租赁住房可持续发展新模式。保障性租赁住房属于重资产,投资体量大、回收周期长、资金占用多。人才安居集团已开工76个项目,总建筑面积达到1201万平方米,总投资近1400亿元,涉及房源9.61万套,其中租赁型房源占比约70%。当前,保障性住房的融资模式以债权为主,增加了企业资产负债率,不利于企业可持续发展。通过发行公募REITs可以盘活大量沉淀的保障性租赁住房资产,吸引社会资本,降低企业资产负债率,激发资金"源头活水",形成"投资建设住房—REITs盘活资产—回收资金再投资"的良性发展格局,更好地支撑"十四五"期间深圳市安居工程的大规模建设,打造保障性租赁住房高质量、可持续发展的新模式。

有利于推进共建、共创、共治、共享的治理机制,助力实现"住有宜居"和"共同富裕"。在保障性租赁住房领域探索发行公募REITs,可为社会资本参与投资租赁住房建设提供资金配置渠道,使社会主体有机会通过资本市场公开交易的方式分享住房发展红利,有利于发挥住房专营机构的品牌效应,吸引各类市场主体参与全市公共住房大规模建设,助力实现"多建房、快建房、建好房、管好房",有效解决新市民、青年人的住房困难,切实践行"人民城市人民建,人民城市为人民"理念,助力深圳构建"共同富裕"的民生发展格局。

人才安居集团通过发行公募REITs,率先探索国有企业在保障性租赁住房领域参与公募REITs的有效方式和路径,创新与社会资本的合作机制,推动国资国企从"管资产"向"管资本"转型,建立专业化、规模化住房租赁企业,加快保障性租赁住房筹建进度,不断提升资产管理和运营能力,让广大市民住得更加安心、暖心、舒心,为"双区"建设贡献更多的国资国企力量。

13. 瑞典马尔默 Bo01 社区项目

（1）项目概况

Bo01 社区占地面积 30 公顷，总建筑面积 17.5 万平方米，其中居住面积 8.0 万平方米，办公面积 4.0 万平方米，其他面积 5.5 万平方米，容积率为 0.58，住宅套数 800 套。该社区混合了独立住宅、公寓、办公以及面向 25 岁以下或 55 岁以上人群的小户型住宅。关于该区的景观系统规划，从一开始就达成了一项共同规定，即每座建筑物直接与水和自然接触，最大程度地体现环境质量及公平。Bo01 社区是西港区的大型重建项目的首期工程，素有"明日之城"的美名，也是可持续发展的城市开发区的先锋典范和世界上首个声称 100% 使用可再生能源的社区。

瑞典首例可持续发展的城市设计模式。瑞典建筑规划管理局期望建设一个有自给自足的生态循环系统、完全利用本地可再生资源供能的"瑞典可持续发展城市的全国典范"。市政府和建筑师糅合了远超出狭义的可持续发展定义的诸多层面，包括能源、技术、减排、绿地，并通过一定程度的牺牲和某些不便，平衡了各方面。设计的一体化系统旨在让可持续发展服务于高品质的城市生活。

（2）开发模式与投融资模式

马尔默市政府作为主要地权人，以"一揽子承包商"的角色，承担起规划与建设所有公共空间和基础设施的重任，而个体开发商负责每一个地块边界内的建设。地产部、公园与公路部成立了专门的组织，负责基础设施和公共空间的规划与建设，世界各地共 16 个开发团队参与该项目。

(3)项目理念与价值

①低碳可持续发展社区模式。Bo01社区在城市地区尺度上为探索可持续发展新模式开辟了道路,通过降低交通和能耗的需求,再加上生态循环法,形成了闻名于世的"3R"策略——减量、回收及再生。还将可持续发展同"高品质的建筑、公共环境和材料"融为一体,如"非可持续发展"城市一样便民、宜居、美丽,给居民提供长久的愉悦性与舒适性。

②生态效益。各种生态湿地和滞留池积存雨水,极大地增加了城市动植物生境;树荫和绿色表面改变微气候,减少炎热夏日的热岛效应,冬季提供庇护处;植被的增加有效改善了空气质量,吸收二氧化碳。

(三)工业区更新类

工业区更新是城市转型发展中的关键一环,它不仅关系城市空间的再利用和经济结构的调整,还涉及工业遗产的保护、环境的修复以及新兴产业的培育。本章节将深入探讨工业区更新的多元策略和实践案例,分析北京、上海、东莞、深圳、苏黎世、伦敦、美国等不同地区和国家如何通过创新思维和规划手段,将废弃的工业遗址转变为城市的新亮点和经济增长点。

在北京,曾经的工业区通过更新改造,成为集文化创意、科技创新和休闲娱乐为一体的综合功能区,既保留了工业时代的历史文化特色,又注入了现代都市的活力。

上海的工业区更新则更加与城市格调相结合,通过引入文化类企业进行改造,推动了公共文化艺术的产业升级。

在东莞和深圳,这两个改革开放的前沿城市,工业区更新成为城市转型升级的重要途径。通过改造旧厂房,发展高新技术产业和创意产业,这些地区成功实现了从传统制造业向现代服务业的转变。

在美国、瑞士、英国等国家,工业区更新的案例则更加多样,从传统的工业城市匹兹堡到苏黎世等地,这些地区通过创新的业态规划和节庆设计,将废弃的工业区转变为充满活力的居住区、商业区和公共空间,同时也为城市带来了新的经济活力和社区凝聚力。

本章节将通过分析这些不同地区的工业区更新案例,探讨其在更新过程中所面临的挑战、采取的策略以及取得的成效。解析如何在保护工业遗产的同时,实现土地的高效利用和环境的可持续发展,以及如何通过工业区更新促进城市经济的多元化和社会的和谐发展。希望能够为工业区更新领域的专业人士和决策者提供有价值的参考和启示。

1. 北京首钢遗址更新改造项目

(1) 项目概况

首钢园区总占地面积 8.63 平方公里,分为北区、南区、东南区三个区域。首钢主厂区占地面积约 780 公顷,其中首钢权属用地 653 公顷。首钢老工业区于 2010 年底全部停产,2013 年国家启动老工业区搬迁改造试点工作,首钢成为首批试点。

(2) 开发模式与投融资模式

①政府出台专项政策指导开发

《北京市人民政府关于推进首钢老工业区改造调整和建设发展的意见》京政发〔2014〕28 号(以下简称《意见》);《关于推进首钢工业区和周边地区建设发展的实施计划》(新首钢办〔2014〕6 号)。

《意见》围绕土地开发、供地方式和土地收益使用提出三大政策，着力实现开发主体的资金自我平衡和自我发展。鼓励改造利用老厂区、老厂房、老设施，培育发展文化创意、工业旅游等新兴特色服务业；支持首钢总公司建设养老服务、健康医疗、教育、城市停车等方面的公用设施，发展城市综合服务产业；支持配套发展商业、康体娱乐、社区服务等生活性服务业，完善园区综合服务功能。

②成立产业投资基金

吸引社会资本，扩大基金规模，创新基金管理和运营模式，支持首钢老工业区和曹妃甸北京产业园建设发展。支持首钢集团开展资产证券化、房地产信托投资基金等金融创新业务，充分利用股权投资基金、企业债、中期票据、短期票据和项目收益性票据等融资工具，进行多种渠道融资。细化梳理首钢集团在京可盘活利用的土地资源，支持建设商品房、保障性住房等实施路径，用于化解历史债务。

（3）项目理念与价值

以冬奥会为契机，迎接转型发展窗口期。首钢集团作为冬奥会顶级合作伙伴的城市更新服务商，将为奥运历史贡献一个奥运与城市紧密发展的生动案例。2018年，两个25000平方米的精煤车间被成功改造，短道速滑、花样滑冰、冰壶、冰球等"四块冰"冬奥训练场馆及单板滑雪大跳台已经投入使用。

在筹备冬奥会的同时，考虑赛后发展和利用以及文化属性的挖掘和延续，对新首钢的发展至关重要。以工业遗址为特色，新首钢将融入体育、科技和社交功能，以"铮铮铁骨"容纳柔性城市功能，呈现独一无二的文化符号和标识。

复兴城市活力，提升体验感和文化辨识度。城市活力的复兴，成为新首钢面临的重要议题之一。过去十年，北京的城市规划、人口结构、产业发展、消费需求都发生了翻天覆地的变化，体验感和文化辨识度成为新首钢活力复兴的重要源泉。办公场景变化、沉浸式环境营造、消费体验演进、社交互动设计、网红艺术氛围、社群论坛活动、手作体验娱乐、科技零售创新、创展售一体化、OMO线上线下融合、产业链协同互动等，都成为创造城市活力的手段。在减量发展大背景下，新首钢城市活力重塑不仅是城市功能社会属性的延伸发展，同时也是投资人提升运营效率、实现资产增值的重要策略。

2. 美国卡丽6号7号高炉遗址项目

（1）项目概况

Carrie Furnace工厂区建于1881年，位于宾夕法尼亚州匹兹堡市。1988年，美国公园公司对工厂遗址内的建筑进行了拆除，主要保留了卡丽6号和7号高炉以及附属的堆场发动机房、仓库、桥梁和垃圾箱等。2006年，6号和7号高炉被评为美国国家历史地标。更新前周边社区居民收入低，是经济最困难地区之一。

（2）开发模式与投融资模式

在资金管理上，探索多种融资方式，不断发展多样化和可靠的资金来源，维护稳定长久的资金来源关系。政府大规模投入工业遗产保护+遗产文化价值挖掘+遗产运营（表2-5）。

美国卡丽6号7号高炉遗址项目　　　　　表2-5

资金来源	用途	金额
重建援助资金计划（RACP）	购买和重建基础设施	$6,000,000
社区发展拨款/美国住房和城市发展部拨款（CDBG/HUD）	用于地块取得、评估、前期准备、清理、拆毁、翻新建设等	$3,714,410
其他（社会投资、捐赠等）	专项改造等	$340,000
总计		$10,054,410

(3) 项目理念与价值

借助遗址历史文化资源先行推动游览性、体验型旅游项目。卡丽高炉（Carrie Furnace）遗址每年 5 月至 10 月对外开放游览，成功带动了本地区的旅游产业。Carrie Furnace 厂区还重点发展了与钢铁工业文化相关的艺术功能，如每月举办一次的、邀请不同类型的摄影师和涂鸦艺术家参与的"Carrie 欢乐时光"活动；以展示铁水是如何变成钢铁的，并讲述钢铁工业故事为主题的"燃烧节"，卡丽高炉（Carrie Furnace）遗址区已经逐渐成为匹兹堡城市的文化名片。

政府专项投入工业遗产保护，企业参与遗产文化价值挖掘与运营。卡丽高炉涉及多个市镇，自治市镇成立了卡丽高炉（Carrie Furnace）指导委员会，参与部门包含政府、企业等多元主体。匹兹堡阿勒格尼县将该物业的管理权和控制权交给了阿勒格尼县重建局 [The Redevelopment Authority of Allegheny County（RAAC）]，是保护和开发这一工业遗产的主要负责机构和管理方。"钢铁之河"遗产公司负责整个 River of Steel 区域保护开发的实施工作，其参与能够更好地协调整体区域的保护和开发。RAAC 也会将部分具体的建设、执行、评估等工作外包给其他社会公司。

3. 东莞松湖智谷项目

(1) 项目概况

东莞松湖智谷项目总投资达 200 亿元，该地区规划占地 1800 亩，建设了"产城人"融合示范区。

东莞松湖智谷内有 11 层（后期还有 12 层）的"摩天工厂"，20 层高达百米的产业大厦（支持研发、检测、中试功能），以及一栋 150 米的超高层办公配套。用地性质仍是 M1 用地，最高容积率达 4.5，目前是东莞做得最成功的产业转型升级基地项目（图 2-2）。

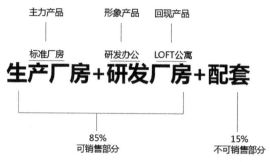

图 2-2 松湖智谷项目产品类型

(2) 开发模式与投融资模式

截至目前,松湖智谷园区已正式签约入驻企业 78 家,其中包括生产性企业 28 家、研发办公企业 50 家,引进总投资约 22.8 亿元,预计年产值 16.6 亿元,年税收 1.2 亿元。目前,21 家企业已投入试产运营,完成投资总额约 7.9 亿元。

整合土地资源,利用 PPP 模式吸引投资,开展建设。为促进土地节约集约利用,打造新的经济增长引擎,东莞寮步镇从 2009 年起对该片区 6 个村(社区)分散的土地进行统筹整合,投入征地款 5.82 亿元,征得一块约 1500 亩的连片土地。并采用了 PPP 模式,投入 5.1 亿元打造园区景观,除了开发建设 6 横 7 纵园区交通路网外,还建设 2 公里滨水长廊生态景观带、三大市政公园。

(3) 项目理念与价值

① 与松山湖形成产业互动,实现园区统筹组团发展

松山湖汇聚了 1000 多个优质项目,智力资源高度集中。随着莞深一体化步入成熟稳健的发展轨道,广深科技创新走廊建设拉开大幕,越来越多的莞深企业涌入松山湖实践莞深同城产业圈。然而,松山湖周边诸多工业园区大多是传统工业聚落,无法有效链接承载松山湖产业带的智能制造使命,松湖智谷产业园便可以完成这个使命。比如说,企业总部还设在松山湖,但生产基地可以搬迁到松湖智谷,产

业园可提供产业配套,满足企业的运营需求,实现寮步和松山湖的利益共享,实现园区统筹组团发展的产业发展战略,助力广深科技创新走廊建设。

②发挥龙头企业带动作用,形成产业链招商基础

华为公司从深圳龙岗转移到松山湖之后,很多上下游的中小配套厂商也都跟了过来,都在寻找高标准的厂房,供不应求,天时地利人和的因素集聚,形成了非常好的产业链招商基础,截至2019年底入驻企业超过120家,形成了电子信息和智能制造产业链(集聚度达到70%),园区一期的亩均税收也已经超过200万元,让这个"工业上楼"大获成功。

4. 上海红坊创意园区项目

(1)项目概况

红坊创意园区位于淮海西路、凯旋路处,利用老工业建筑的钢筋铁骨,将厂房的高大空间、框架结构等特点与现代建筑艺术相结合。红坊以上海城市雕塑艺术中心为主体,并有多功能会议区、大型活动及艺术展览场馆、多功能创意场地等灵活的空间应用。

(2)开发模式与投融资模式

融侨集团股份有限公司(以下简称"融侨集团")以27.46亿元竞得上海宝钢长宁置业有限公司100%股权,其实质资产便是新华路街道71街坊8/3丘地块。新华路地块原本属于宝钢旗下的上钢十厂厂区,也就是现在红坊创意园区所在。宝钢为了改变其土地属性,这14.76亿元属于补交地价款,这块地由此正式变为商业性质重新出让。

成立专门公司,开展专业化的投融资业务与建设改造项目。上海红坊文化发展有限公司(以下简称"红坊文化")成立至今,成功打造多个文化改造类项目,企业发展速度迅猛。主要从事文化地产的投

资及投资管理和运营工作，拟在目前所从事的旧工业遗产改造等文化项目的基础上，汇聚其他国际专业机构，打造一个具有综合服务能力以及发展潜力的专业化平台。同时，上海红坊投资管理有限公司通过与海内外投资机构合作，投资保护优秀历史建筑及历史文化风貌区，参与大量保护项目，做了富有成效的工作。2008年，上海强生集团有限公司参股红坊团队，与红坊共同联合，通过富有创意的策划、投资、建设与运营，结合富有艺术文化内涵的项目理念，打造集公共文化艺术展览、交流、创作、商务、休闲为一体的真正意义上的公共文化艺术社区。

（3）项目理念与价值

政府、企业、社会三方通力合作，促进更新。

政府：兼顾地产价值与社会价值，关注完善城市功能、推动社会艺术文化发展、积极建立与社会专业力量合作机制。从场地资源、文化资源、运营投入上予以项目支持，放弃短期土地价值收益。

专业运营：上海城市雕塑艺术中心以及厂区4.5万平方米创意产业空间，以红坊文化为主体运营团队，结合政策优势与市场，实现盈利。

原产权方：在区域城市价值提升的背景下，借工业用地存量利用政策，完成了土地性质转变与出让。

开发商：从品牌塑造及企业战略出发，克服近期开发薄利，拥有上海内环、持有一处核心资产，换取中长期地产价值的保值升值。

社会参与：场地特有的文化氛围吸引大批创意机构与文化公司入驻，这些企业开展了自主改造，为园区注入新活力。

上海红坊创意园区迎来了全新的升级契机，融侨集团携手第一太平戴维斯（Savills）将其改造更新为艺术商业体——融侨中心。融侨集团在原有红坊创意园区的基础上进行深化改造，上海融侨中心将引领多维艺术体验的生活方式。上海融侨中心与多个国际知名专业机构强强合作，为项目的研测、规划、运营保驾护航。上海融侨中心的建筑规划由日本大型综合建筑设计事务所"三菱地所"负责；此外，项目景观设计由国际知名的HASSELL操办，集合全球知名设计师，打造最有格调与品位的城市文创空间。上海融侨中心将汲取红坊文化艺术基因，保留红坊部分标志性红色厂房及优秀雕塑，以4.3万平方米的商业建筑面积塑造更具活力、更具艺术气质的城市文创地标。

5. 上海滨江西岸地区城市更新项目

（1）项目概况

该项目位于上海市徐汇滨江西岸地区，滨江西岸地区总面积9.4平方公里，整体具有成片开发的土地优势：从土地性质看，现状工业、仓储和住宅用地总量占该区域土地面积的50.5%；土地利用率相对较低，具有可供大规模、成片规划开发的土地资源优势。徐汇区文教、科研、文体资源为西岸发展提供核心要素支撑。

（2）开发模式与投融资模式

2007年，徐汇区开启滨江7.4平方公里的开发建设工程，由政府各部门共同成立滨江开发领导小组。一期工程开发从2007年至2010年世博会结束，由上海徐汇土地发展有限公司承担动拆迁、绿化等公共设施的建设工作，目前已累计投资近百亿资金。伴随二期工程的正式启动，徐汇区委、区政府决定成立上海西岸开发（集团）有限公司专门实施一期项目的深化和二期工程的建设开发，由上海徐汇土地发展有限公司和上海光启文化产业投资发展有限公司等企业组建而成。目标是完成土地开发120公顷，预计投资200多亿元。

滨江区域的综合开发，需要确保一流的合作开发商和一流的规划设计，按照"组团式"的整体统一规划，事先与房地产商确定设计方案,这也是实施徐汇滨江开发最重要的特点之一。

在土地出让方面尝试"三带",即带方案、带地下工程、带建筑标准的出让要求,从而提高区域开发的整体性;在项目开发方面保障"三高",即高起点定位、高标准规划、高质量建设,从而提升区域开发的品质。

(3)项目理念与价值

注重文创与金融、旅游等相关行业的融合。①业态构成更趋多元化:文化创意与金融、旅游等相关行业的融合趋向深化,在集聚型业态质量方面,注重品牌性和功能性项目的培育与文化创意的融合、产业链的延伸和企业业态的聚合。②文创与创新金融的结合:坚持"文化引领、金融支撑",通过创新金融助推核心项目落地,重点发展影视传媒、艺术品展览、文化消费、数字内容等文化创意产业链,将徐汇滨江打造成上海新的创意产业标志性示范区域。

"一站式"的产业经营模式。徐汇滨江采用"一站式"经营模式,整个园区内包括一个体验式消费的现代商业街区——云锦路商业街,一个由众多展示馆、美术馆、演艺中心组成的户外艺术展区,一个文化创意产业基地——上海梦中心,多座不同主题、不同类型的酒店,这些板块的设置融合了片区内文、商、旅的各项资源,使得片区内达到了功能上的聚合发展(图2-3)。

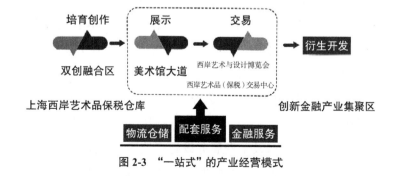

图2-3 "一站式"的产业经营模式

6. 北京通州区张家湾设计小镇城市更新项目

（1）项目概况

设计小镇是城市副中心三个特色小镇之一，位于北京城市副中心东南部的张家湾工业区，毗邻城市绿心和环球度假区，总用地面积540公顷。项目紧密围绕"设计小镇、智慧小镇、活力小镇"的目标定位，实现从顶层设计、实施方案、标杆项目建设的贯通，针对产业待升级、空间需提质、设施水平低、产权小而散等存量工业空间更新中的典型问题积极探索实践。

其中，北京未来设计园区（铜牛老厂区）和北京国际设计周永久会址（北泡轻钢厂）为先期启动老旧厂房改造的标杆项目。北泡轻钢厂改造项目占地面积6.62公顷，规划建筑面积7.31万平方米，分三期改造运营。一期改造后作为北京国际设计周的永久举办地和主要会场，提供会议论坛、展示交易、陈列收藏等服务。北京未来设计园区项目占地面积5.17公顷，总建筑面积7.17万平方米，致力于打造城市设计、城市科技和设计文化融合的示范区。

（2）开发模式与投融资模式

采用股权合作的模式盘活铜牛地块，北京通州投资发展有限公司、原权属方北京铜牛股份有限公司、运营方北京市建筑设计研究院有限公司成立合资公司，既能发挥各方优势，又能迅速推进项目，最大限度地降低成本，同时，采用资产收购的模式盘活北泡轻钢地块，为后续类似项目积累了全流程经验。

副中心相关部门依据"大众创业、万众创新"用地相关政策，探索出一条切实可行的实施路径，允许按规划用途M4高新技术产业用地和高新技术产业用房及配套服务设施建筑形式，办理规划许可手续，享受5年过渡期政策，过渡期满后依规补缴政府土地收益，完善相关用地手续。北京未来设计园区一期按上述路径完成建设工程手续及竣工验收，为后续北京城市副中心存量用地相关政策出台奠定基石，形成可复制可推广的"铜牛模式"。

（3）项目理念与价值

①保留原有构筑物。整合存量厂房，对老厂房进行价值甄别，保留具有特色的建筑形式、主体结构、空间尺度和场所记忆，延续场地文脉，保护现状园区规划格局及工业遗存，原状保留标志性"铜牛"雕像，在车间穹顶两侧特别设计两个牛角，以纪念老铜牛印记。

②设计引领。以设计为牵头的EPC模式试点，建立完善的项目管理机制，实现了"当年设计、当年施工、当年运营"，在严格控制工程造价和施工进度的同时，工程质量和呈现效果丝毫不打折扣。

7. 上海万科上生·新所项目

（1）项目概况

"上生·新所"坐落于上海内环繁华闹市的延安西路1262号，地处负有"上海第一花园马路"盛名的新华路历史风貌区。主要由孙科故居、哥伦比亚乡村俱乐部、海军俱乐部3处历史建筑以及11栋贯穿新中国成长的工业改造建筑和4栋风格鲜明的当代建筑组成，占地70多亩，近5万平方米建筑。

20世纪20年代这里为"哥伦比亚乡村俱乐部"，1951年哥伦比亚乡村俱乐部与相邻的孙科故居被上海生物制品研究所（以下简称"上生所"）接管征用，2016年上生所进行搬迁，随后万科中标了这块地的城市更新项目，2018年上生·新所正式对外开放。

（2）开发模式与投融资模式

与原有产权方签订土地及建筑物区长期租赁协议，以轻资产运营模式对老旧厂房进行改造翻新后对外出租，赚取租金差价。

上生·新所在更新过程中探索了多种城市更新实践模式，包括：土地的混合发展模式——多方共建共享，政府、社会资本、学术机构、社会组织、居民共同参与；保护+改建+新建结合的模式——对历史建筑进行保护修缮、对工业建筑再利用，保留价值部分，其余改造利用，进行部分新建，提高土地能效；功能的混合发展模式——从一种业态到N种业态，从封闭的单一厂区到开放的混合社区，从生产空间到商业空间、办公空间、休闲娱乐空间，实现土地利用方式的转变。

（3）项目理念与价值

①多主体参与城市更新

上生·新所引入社会资本进行多方共建共享，包括政府、社会资本、学术机构、社会组织、居民以及房地产企业，利用土地的混合发展模式，提高土地使用效能。

②保护建筑多样性

上生·新所建筑风格涵盖20世纪各个年代，风格相对错乱。为保护建筑的多样性，为每个建筑改造进行了量身定制。

对保留的历史建筑，如哥伦比亚乡村俱乐部与孙科故居通过"修旧如旧"的手法，对建筑的立面与空间进行修复，最大化还原建筑原真性。

8. 深圳宝安西成工业区项目

（1）项目概况

项目用地位于深圳市宝安区西乡街道西成大道与广深公路交会处，北临西成大道，东西南面均为西成工业区用地，该用地为宝安西乡街道西成工业区旧产业升级综合整治更新试点项目。项目为企业自用厂房更新,整治范围7.13万平方米,原容积率1.69,主要为加工类厂房及员工宿舍,研发办公空间较少。

通过对园区不同区块实施针对性的局部拆除重建、空地新建、保留升级等方式,在旧厂房基础上形成研发楼、研发生产楼、综合服务楼、人才公寓等多样化空间,用地性质从M1调整为M1+M0,保留现状建筑物9.68万平方米,加减11.81万平方米,容积率提升为3.0,转型为一个面向中小企业的产业孵化基地。

(2)开发模式与投融资模式

原产权方进行厂房自行改造升级,但政府鼓励支持较大,对统计率及补贴有一定政策倾斜,改造投入相对较低。

(3)项目理念与价值

深圳西乡西成工业区以大数据、云计算、物联网为代表的新一代信息技术产业;以航空航天、高端装备为代表的特色产业;以及以新能源、生物医药等为代表的新兴产业已经形成产业集群,重点发展电子信息、生物医药、智能装备、汽车零部件、新材料等主导产业。

9. 苏黎世西部工业区项目

(1)项目概况

苏黎世西部工业区位于火车站以北的利马河两侧,曾经是当地主要的工业区,一百多年间集中了许多大型制造厂。随着社会经济的变化,昔日的工厂日益沉寂。自21世纪初,整个区域开始改造并成功转型,集创意、先锋、时尚、娱乐、休闲于一体。

(2)开发模式与投融资模式

苏黎世西部工业区改造主要通过引入多种功能产业让城市重新焕

发活力。在改造过程中，西区的土地功能构成模式呈现为：22%的公寓+42%的综合写字楼+2%的零售+5%文化餐饮+23%的贸易产业+6%的学校。这种看似"混搭"的开发模式，却形成了具备多元功能的活力新城。工业区转型的难点在于，需要有足够体量的文创产业和艺术产业，同时也要依靠办公写字楼、住宅、商业体等多种业态来支撑，苏黎世西部工业区的转型就具备多种业态，又融入强烈艺术氛围。

(3) 项目理念与价值

苏黎世西部工业区的更新改造从两个"1/4"开始：即改造占地1/4的交通网络，改变大而空的工业化格局；只保留1/4的工业建筑，既能体现区域"工业风"特色，也为高密度的开发建设（容积率约2.0~3.0）腾出用地。功能需求决定旧改形态，西区对于老工业建筑并不是一味地保护，它们有的"修旧如旧"、有的新旧结合、有的保留结构，无论形态如何更新改造，都被赋予了"引人"的新功能，成为区域的城市配套。

苏黎世西部工业区改造复兴项目堪称欧美发达国家城市旧工业地段更新改造的成功典范。该项目具有循序渐进的决策历程、层层深入的规划设计、灵活多样的旧建筑再利用方式，其科学、系统的论证与策划机制，城市建设导则的制定，城市生活复兴的策略，建筑保护与改造方法的多样性都颇值得借鉴。

苏黎世西部工业区的更新建设仍在持续进行中，它已找到可持续发展的产业核，西区混合宜居城市的理念也已逐渐实现。这种混合的理念不只停留在总体规划上，更渗透到了每一个街区乃至每一幢建筑内。

10. 伦敦金丝雀码头项目

(1) 项目概况

伦敦道克兰地区曾经是世界上最忙碌的港口所在地,但随着船舶工业大型化的发展需求及多元化经济的发展,包括金丝雀码头在内的许多码头都无法再承担停靠的职能而逐渐衰败。金丝雀码头地理位置特殊,自1980年开始,政府加快了对金丝雀码头改造更新的步伐。20世纪90年代后期码头区更新以市场为导向,建设了大量办公商务区。随着港区轻轨扩建工程的开通以及重要交通线路地铁的完善,金丝雀码头成为国际化公司最抢手的商业投资地段之一。1999年,金丝雀码头集团上市,港区成为商业中心以及伦敦重要的一部分。

(2) 开发模式与投融资模式

通过采用公私合营、政府放权和开发公司主导的开发模式,以及:

①正确的功能定位:当时伦敦内城传统的金融中心Bank为防止历史特质被破坏受到严格的开发控制,难以提供最先进的、适合现代商务办公需要的开放式大面积建筑空间,而伦敦作为全球金融中迫切需要新的适应城市发展的功能空间;

②大型轨道交通:解决了它与城市交通体系的阻隔,以及伦敦码头发展公司(LDDC)为开发所提供的良好条件,土地、基础设施、优惠的政策;

③整合要素:金丝雀码头的城市设计对复杂、多变的城市各要素,一如轨道交通、自然、历史等要素的准确捕捉和整合所创造的高品质城市建成环境,对资本和人流具有强烈的吸引力。

逐渐发展出——轨道交通+地铁站地下商业+上部大型公共空间——一套城市立体化系统。

（3）项目理念与价值

整个金丝雀码头被分为三大开发区域，中央区和东区将重心放在打造办公写字楼和购物中心，西区则把重点放在酒店、居住、娱乐项目建筑上。在办公物业上，金融业客户比例高达66%，大型金融机构总部成为金丝雀码头的核心客户；在商业配套上，金丝雀码头7.85万平方米的商业街，主要服务人群为商务人群，43%为零售业态，50%为餐饮，7%为休闲配套；在公共休闲空间上，规划有会展中心和各种展览厅。

如今金丝雀码头已被世界公认为城市基础设施建设、推动城市更新改造地区产业聚集生态的典型成功案例。

11. 北京798艺术区改造项目

（1）项目概况

798艺术区占地面积69公顷，总建筑面积23万平方米，依托六七十年代的798工厂旧址，因其包豪斯式的厂房风格受到众多艺术家的青睐。游客日流量达3万～5万人，园区每年出租约2万平方米，租金收入在5000万以上。798艺术区内分为艺术空间、文化空间、消费空间和交易空间。

艺术空间主要为各类画廊和艺术工作室，59%占地200～500平方米，大多为2007—2008年入驻，独立经营、独立投资。

文化空间以书店为主，一半以上的书店小于50平方米，以艺术类图书为主，国外书籍占35%。

消费空间以酒吧、咖啡厅和餐厅为主，60%为2005—2008年入驻，以吸引外国食客的西餐为主要经营内容。

交易空间以各类原创时尚店铺为主，80%为2007—2008年入驻，77%以原创商品交易为主，价格集中在100～500元不等。

（2）开发模式与投融资模式

发展模式由最初民间自发形成，最后演变为由政府和国有企业共同规划建设和治理的集聚区；盈利模式为经营性收益（餐饮、零售等）+店铺、场地租赁。

（3）项目理念与价值

北京市工业发展的衰落及酒仙桥地区工业转型需求促发了798原厂区的转型升级。当时，文化创意产业已开始确立为未来重点支柱产业，借此发展机遇，798走上了文化创意园区的开发之路，通过：

①发展方向的从新定位

完善798艺术区资金税收优惠政策（对文化创意设计服务企业降低税收）；拓展798艺术区的产业化发展路径（展览和艺术品交易、艺术创作衍生出创意家居、服饰设计行业等）；开发798艺术体验系列旅游产品（798创意店、创意市集、798艺术咖啡、798艺术画廊等）；

②适应性的改造设计

以保留厂区的原有历史文化与建筑风格特色为前提，进行适应性的再生改造设计，改造的过程必然要依照一些具有限制性的指标来引导，加强798艺术区内外标识系统和公共设施建设；

③改造后的合理宣传与开发

提升798艺术区管委会的管理职能和权限，整合政府、企业和艺术家群体，完善798艺术区"三位一体"的管理体制。

逐渐形成了集画廊、艺术中心、艺术家工作室等各种空间的集聚区，是北京城市文化地标之一。798艺术区也在发展过程中不断迭代，通过打造文化创意园区，集合不同业态，盘活老化的工业遗产。

（四）商办更新类

商业及写字楼办公区作为城市经济发展的重要引擎，其更新改造对于提升城市竞争力、促进商业活力和提高老旧楼宇效率具有重要意义。本章节将探讨商办类更新的策略与实践，通过分析东京、上海、北京、宁波等不同地区的商业及写字楼办公更新案例，深入了解如何通过商办再开发与运营，促进商圈消费繁荣和办公区域产业升级。

东京商业办公区更新案例展示了通过以种子基地为引擎推动的"连锁型"改造方式。北京、上海的商业更新讲述了如何通过重塑空间规划、提升运营能力，盘活老旧商业楼宇。

本章节将详细分析这些案例，介绍如何在更新中对存量商业、办公等商办用地进行合理改造再利用，挖掘并激发其潜在的价值属性，通过更新使其在当下城市发展中重新焕发生命力。希望能够为商办类更新领域的专业人士和决策者提供有价值的参考和启示，为城市更新的未来探索更多可能。

1. 东京大手町地区都市再生项目

（1）项目概况

大手町地区紧邻日本东京江户城，与邻接的丸之内地区同是日本经济的中心地。便捷的交通以及临近江户城的区位优势，使之成为汇集金融、通信与传媒三大日本主导产业的主要经济圈，聚集了众多高层和超高层建筑，平均容积率高达 7.0。大手町区域内有七成以上的大楼屋龄超过 40 年，不仅外观陈旧，建筑的防灾耐震等功能也与现今的标准不符，亟待新一轮的城市更新。同时，由于资讯、通信与传媒等企业的业务必须持续 24 小时运作，因此这些企业大楼无法采用传统"先拆后建"的更新模式，必须逆势操作，先建后拆。如何使高密度城市经济中心区在保障众多企业正常运营的同时实现都市再生，是大手町地区城市更新面临的最核心问题。

东京自 20 世纪 70 年代至 2017 年，城市再开发项目累计 230 项，以东京大手町地区都市再生项目为例，摸索出了一条以国有用地腾退为触媒来激发连锁式更新的模式。

政策背景：2003 年，政府相关部门与本地业主组织"大手町地区再生推进会议"，正式提出连锁式更新策略。

2003 年 1 月，日本都市再生本部提出了"活化国有土地作为都市开发据点"的政策，明确指定大手町中央合署办公厅原有公务单位搬迁到埼玉县，腾出了面积 1.3 公顷的土地公开标售，以配合民间企业进行大手町老旧地区的更新。

2012 年第二批业主成功完成置换。时至今日，连锁更新的进程仍在继续，这种模式创新已经被证实为可持续的成功范式。

这种以种子基地为引擎推动的"连锁型"改造方式，依托日本灵活的规划层面和多样化的制度体系，具备小规模改造项目的局部拓展到工程全体的工程层面条件，并且拥有中立公正的 UR 都市机构、地方政府和民间开发商（企业）达成的"合作伙伴关系"（partnership）的有力保障以及该多元主体对改造更新项目的长期支援，通过微循环、渐进式的方式改善城市空间环境的同时，保持了城市的空间格局。

（2）开发模式与投融资模式

大手町地区通过整合周边资源，营造成熟的市场环境；以种子基地为引擎，持续"连锁"更新；不动产证券化，筹措民间资金；产官学三方合作，共同谋划城市发展等都市再生策略（图 2-4）。

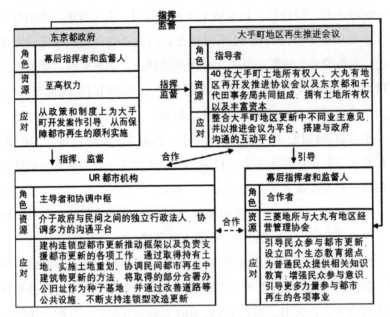

图 2-4　东京大手町地区都市再生项目

①整合周边资源，营造成熟的市场环境。大手町地区都市再生项目开始于1986年，东京都政府将大手町连同周边的丸之内及有乐町等区域统一纳入"大丸有地区"，列为"东京车站周边都市更新诱导地区"，并由官方、民间与学界共同合作，进行全面深入的整体规划。

②以种子基地为引擎，持续"连锁"更新。2003年，40位大手町土地所有权人、大丸有地区再开发推进协议会以及东京都和千代田事务局共同组成"大手町地区再生推进会议"，参与大手町开发案，提出"大手町连锁型都市再生计划"。利用一个极具创意的手法，由几个企业之间密切合作，以种子基地为筹码，实现"连锁"接力更新。这时，区域内一块公有地（种子基地）的释出便成为启动大手町都市再生的关键。

2003年1月，日本都市再生本部提出了"活化国有土地作为都市开发据点"的政策，明确指定大手町中央合署办公厅原有公务单位搬迁到埼玉县，腾出了面积为1.3公顷的土地公开标售，以配合民间企业进行大手町老旧地区的更新。

③不动产证券化，筹措民间资金。资金的筹措是能否顺利推动都市更新的前提。大手町地区由于位于都市经济中心，地价昂贵，购买合署厅舍的地权需要庞大经费，一般民间企业顾虑财务风险，筹措资金相对不易。"UR 都市机构"率先投入购买种地，继而吸引保险及不动产公司购买三分之二土地，带动了民间投资开发意愿。

④产官学三方合作，共同谋划城市发展。都市再生涉及民众、业主、政府、设计师等多元主体，如何协调不同主体的观点，整合优势，发挥其共同力量，是促进都市再生健康可持续发展的关键。

（3）项目理念与价值

①政策保障层面：以政府引导为前提，构建社会广泛参与的城市更新运营机制。

②设计策略层面：以更新最小化为原则，建立可持续的市场开发模式。

③服务管理层面：以"民"为本，搭建平等的信息互动平台。

2. 上海高和云峰办公楼改造项目

（1）项目概况

高和云峰于 2017 年 7 月完成收购，2018 年 6 月开始运营。该项目位于上海北外滩大连路总部经济核心商圈，交通非常便利，距离地铁 12 号线、地铁 4 号线大连路站 1000 米，步行 15 分钟，附近有多条公交线路汇聚于此。大连路规划未来将集聚国内外知名企业地区总部、研发中心和各类专业服务机构。

高和云峰前身为 2014 年开盘的文通大厦，项目得房率 68%，车位费 900 元/每月，车位数量 450 个，出租面积段 150～1860 平方米。改造前的文通大厦由上海文通房地产开发有限公司开发，并不设专业的物业公司管理，全部由文通集团自行管理，物业管理较为混乱，租户体验不佳。

改造后的高和云峰重新定义了传统办公楼宇，设计层面，融合艺术感与科技感；功能层面，整合了商业、休闲、服务等不同资源，打造办公生态系统，营造集生活社交场景和多元文化主题于一体的办公社区（表2-6）。

高和云峰办公楼改造项目　　　　　　　　　　表2-6

	改造前	改造后
项目名称	文通大厦	高和云峰
区位	北外滩大连路	北外滩大连路
功能配比	全部办公	商业:办公=1:9
开发理念	传统办公楼宇	生活+社交的新生办公社区
租金对比	5.10元/平方米/天	1～2F:8元/天/平方米 3～9F:6.3～6.8元/天/平方米 租金平均提升30%～45%
物业费	21.00元/平方米/月	29.00元/平方米/月

（2）开发模式与融资模式

以收购模式取得资产，并进行改造租售。

高和云峰属于区域内较少的无自持及落税要求的办公物业，可租可售；由于可分割为62本小产证，退出方式较为灵活。

（3）项目理念与价值

①设计改造——以经济为前提的艺术重置

项目以穿孔铝板作为主要材料，用写意山水的艺术方式把立面、景观、大堂、办公和屋顶串联起来。新增设计附在外立面、广场、花园、雨棚和室内已经完成的装饰面外面，以最小、最少的构建和原来的表皮接触并呈现不接触的状态。这种方式是基于有限预算以最少改动的目的为前提用类艺术装置重塑空间。

②运营维护——引入商业共享空间

创新办公发展到现在，针对 C 端，越来越多的创意市集、基于场景的消费空间与体验门店诞生；针对 B 端，垂直领域的办公场景则可以聚合上下游的企业，提供更多基础设施与资源撮合。

高和云峰的大堂空间也同样引入了这样一家以商业空间链接内容创业者和消费者的商业运营平台，即 DNA Café & More。项目整个一层大堂均由 DNA Café & More 运营。DNA 品牌于 2015 年创立，将网红咖啡馆、24 小时图书馆、独立料理人快闪厨房、主播微影棚、匠人走廊、光影美术馆、花艺、健身、民宿、酒吧等体验式的业态与办公结合。

DNA Café & More 是 DNA 旗下以风尚实验为主题的品牌。DNA Café & More 的"共享大堂"商业场景模式，在高和云峰项目中体现得较为完整。通过与整个项目的运营商 ENJOY（趣办创意空间）达成战略合作，利用楼宇中的闲置物业空间对其进行改造，打造集成化的共享商业场景，复合呈现了多元业态的生活方式创新内容。

3. 北京太阳宫百盛中融信托广场项目

（1）项目概况

中融信托广场原为北京太阳宫百盛商场，位于朝阳区，临近北三环东路。项目于 2019 年改造完成竣工前，根据单一客户使用需求进行适当定制化的楼宇空间及设施设备标准打造，形成适宜外资大型企业客户真实使用需求的总部型楼宇。

（2）开发模式与投融资模式

百盛集团因商业项目业务亏损和改善集团财务状况的需要于 2016 年将该物业出售，买方中融长河资本投资管理有限公司将项目改为写字楼用途。仲量联行在本项目中主要提供了租户搬迁、整合、局部定制化咨询及交易服务。

(3) 项目理念与价值

目前项目整栋作为大众及旗下关联汽车厂商品牌使用，此次整租为德国大众集团在进入中国数十年来所困扰的写字楼地点零散问题提供具有绿色、健康、社区等方面领先理念的综合性写字楼空间整合方案。

4. 浙江宁波芝士公园项目

(1) 项目概况

宁波日报报业大厦位于宁波最核心区三江口之上，原为报业集团办公使用，万科通过与报业集团合作，将此项目从办公改为商用。

目标是针对不同年龄段的各类培训业态，打造一个全品类多业态的城市学习综合体，并结合音乐厅打造宁波最具影响力的素质教育培训集成平台。

(2) 开发模式与投融资模式

大厦的改造是宁波首次采用增资扩股的国有企业合作模式，宁波日报报业集团与宁波万科成立合资公司，负责开发和后续的日常运营工作。整体由办公改为商业，进行局部改造及建筑活化，投资金额约1.5亿元。

(3) 项目理念与价值

项目命名为"芝士公园"(Cheese Park)，以英文"芝士"谐音中文"知识"，意欲以知识的力量撬动宁波这座知识城市。从报业大厦到芝士公园，经过一系列的解剖、梳理、重构，让这块城市中心的土地重新焕发出璀璨的光芒和无限的活力。

5. 北京新街高和办公楼改造项目

（1）项目概况

项目位于西城区新街口北大街3号（北二环德胜门附近，临近地铁"积水潭"站），前身为北京星街坊购物中心，物业占地面积为6382平方米，总建筑面积为28572平方米，计容面积20352平方米，地下三层，地上六层。项目2008年6月开业，2011年前定位是零售购物中心，因为经营不佳于2011年将定位变成儿童教育主题大厦。项目2F/3F/4F面积占总计容面积50%，目前主要出租经营生活服务、儿童教育、儿童用品销售。受周边商业环境与居住社区氛围影响，以儿童娱乐、儿童培训、餐饮、零售等业态为主，整体业态规划较为传统，项目的活力并未被充分激发。2015年被高和资本整体收购，并对其展开整体改造升级，使其从传统卖场转型为精品写字楼，改造后运营首年即实现租金收入2倍增长，租金水平从收购前的4.5~5元/平方米/天变为10元/平方米/天。

高和资本将旗下的办公服务平台Hi Work引入，而Hi Work则彻底改变传统的办公形态，具有共享、社交等"共享经济3.0"之下"互联网+"的办公属性，作为未来办公空间解决方案提供商，直击传统写字楼痛点。通过设计研发OffiX模块精装修可变办公系统提升效率，通过创新"共享大堂"整合办公第三空间为企业提供更多创新办公场景，通过融入智能高科技、绿色健康可持续、共享、人文、创新城市等理念，为入驻企业提供更高效率、更多创新、创造更大价值的场域。对当前市场上复合城市更新与产业升级的成长创新型企业具有极大的吸引力。

（2）开发模式与投融资模式

"高和城市更新权益型房托一号资产支持专项计划"完成了一种

模式的闭环——通过收购地产并将其升级改造后,以更大的商业价值为基础,通过类 REITs 的手段退出(发行规模为 9.5 亿元,已成功上市)。

(3)项目理念与价值

新街高和目前的入住率在 90%,商业部分属于配套商业,为租户及企业客户服务,其 90% 以上的业态为餐饮,其余配套的业态有健身和美容美发。写字楼部分出租率约为 89%,签订的租约期 2~3 年不等。

高和资本对于写字楼内部的改造与模块升级还在持续进行,新打造的"Hi Work 共享大堂"全新亮相,OffiX 可变办公样板间也将伴随着未来办公创新平台的搭建而对外开放,更多办公创新场景的增值服务在不断迭代。可以预见,随着 Hi Work 的发展会将越来越多的与时俱进的新鲜元素引入新街高和,预留的可拓展性空间也将进一步升值,新街高和实则是一个在不断"成长"的写字楼。

6. 北京大兴大悦春风里项目

(1)项目概况

项目地处大兴核心区域的一个传统商圈,原名为王府井百货,产权面积 12.8 万平方米,地上 6 层,局部 7 层,地下二、三层为车库,距离地铁 4 号线黄村西大街约 800 米,项目周边辐射区域内的人口有 44 万人。2020 年 12 月 25 日开业,当天实现 1500 万元的销售额,超过 5 万人的日人流。

(2)开发模式与投融资模式

2018 年 8 月 1 日,高和资本与大悦城地产有限公司成立母基金及项目基金订立框架协议。母基金规模达 50 亿元人民币,双方各出资 25 亿，基金将透过项目基金寻找位于中国境内具有挖潜价值的商业、写字楼等项目收购机会。

2018 年 12 月 7 日，高和大悦城并购基金正式完成对火神庙国际商业中心的收购。对资产进行更新改造，改造时长为 23 个月，并引入中粮大悦春风里的品牌和招商运营的资源，提高项目的价值和品质。项目资金回报率预计可达 15%。

（3）项目理念与价值

深刻认识商业城市更新所需能力。商业城市更新必备三种能力，第一个是改造和运营能力，第二个是金融创新能力（包括从募资到退出以及不断完善金融结构及创新的能力），第三个是复杂的法律以及税务问题的解决能力。

顾客定位精准，引入一线品牌。项目定位是"还原生活的社交本质"，客户的定位是 25～45 岁的城市中产阶层，因此引进 300 多个国内外的一线品牌，其中有 100 个全国与区域的首进品牌及特色定制店铺，如 MUJI、蔡澜港式点心、京东 7 鲜、星巴克的宠物花园店等。

7. 上海国和 1000 商业更新项目

（1）项目概况

上海市首家"全国标准化社区商业中心"示范项目国和 1000 位于上海市杨浦区国和路 1000 号，是典型的一线城市核心老城区存量商业更新项目。前身为传统商超吉买盛，因难以匹配周边居民消费需求升级而退出，又因建筑物业条件和功能无法匹配新商业消费的需求，导致在商超退出后该项目空置，成为闲置资产。

（2）开发模式与投融资模式

在开发和投融资模式上，产权方上海杨浦商贸（集团）有限公

(以下简称"杨浦商贸集团")进行收购,并作为主要出资人,改造后主要赚取租金收入。

(3)项目理念与价值

聚焦街区生活体验,注重空间定位。杨浦商贸集团经过深入调研周边居民的收入、户数、职业、年龄等因素,提出了以重塑街区生活体验,创造宜人的街巷空间和生活空间为出发点,打造有温度的社区邻里中心,定位"家的延伸"。

市场化比选运营商,发挥专业运营机构优势。通过市场化比选,引入专业的运营机构,设定有利于调动双方积极性的购买服务合同,充分发挥专业运营机构在招商、营运方面的优势。

重点考核内容:租金收入。杨浦商贸集团每年要求的租金收入需要达到1350万元,比原来超市的租赁收入大概超出500万元。

考核机制:如果完成考核目标并超过,则可以按每10万元一个台阶设置比例分成给运营团队;如果没有达到考核目标,则由运营团队现金补足。

商户入驻:商户直接和业主方杨浦商贸集团签订合同。一是,保障租金收入根据居民消费习惯,不能太高;二是,可以根据不同业态选择租赁或者销售分成的合作方式,也彻底改变原来的整体出租模式,杜绝"二房东"的存在,掌握主导权。

人才储备:杨浦商贸集团派驻团队全程参与项目管理,学习先进的社区商业运营理念与方法,为以后的项目做好人才储备。

8. 北京西单更新场项目

(1)项目概况

西单更新场位于长安街与西单北大街交汇路口的东北角,是西单商圈核心点位,目前融入绿地公园林木花草的环抱间。

广场树木环抱的中心地带有 6000 多平方米，最中间的 800 多平方米种植着各类时令花草。广场内实现"快行""慢行""休止"三种观赏节奏的特别安排。地上部分，休闲空间路径开放，另有树林、草坪围绕着环形下沉广场，内外切入口众多，模糊了室内室外的界限，给人以一种在公园里逛街的体验。

（2）开发模式与投融资模式

开发主体及实施时间：

西城区政府主导，区园林局负责地面园林绿化监管，华润置地负责整体改造工作，项目投资约 6 亿元。

2015 年 12 月 31 日，西单文化广场正式停业，腾退小商贩 646 家，疏解近 4000 人口。

2021 年 4 月 27 日开业。五一期间西单更新场的日均客流量达到了 5.1 万人以上。

日客流约为 2.5 万人，首月坪效约为 6400 元 / 平方米 / 月，属华润置地体系内最高坪效水平，50% 的店铺为当月全国销售冠军。

（3）项目理念与价值

①生态空间升级商业空间的典范。在空间设计上，亮点之一在于绿地景观体验成为商业空间的引导和铺陈，商场成功隐匿在了城市的山水绿意之中，进而模糊了室内室外的界限，在叙事场景下展现"慢空间"。

②商业业态和品牌特色：突出一个"新"字。更新场在业态布局和品牌引入上追求品质与新意，将时尚和潮流元素融入商业空间，打造艺术消费与文化交流的艺文空间。引入大批特色店铺，在更新场 5 月开业的 36 家商户中，引入首店 20 余家，其中全国首店 3 家、北京首店 2 家，零售业态 19 家、餐饮业态 13 家、休闲业态 3 家、服务业态 1 家。如 830 平方米的新一代美妆品牌 HARMAY 全新概念店、

800平方米的日本精品买手集合店STUDIOUS等。在业态布局上，零售类占比约54%、餐饮类占比约32%、文化类占比约11%、生活类占比约3%。围绕青年、艺文、设计等各类全球潮牌，与西单商业街其他商场里的品牌形成差异化。

③体量小但内容丰富、定位精准。西单更新场的推出，是华润置地和华润万象生活在存量市场改造的一次重要尝试，也希望能够抓住现阶段改变北京商业市场格局的新机遇。从更新手法来看，西单更新场对项目的建筑形态、业态功能、品牌引入都有了新的升级，积极顺应北京城市更新趋势。在设计上对商业设计层面的开放与封闭、公众与商业、城市与建筑发起了一轮新探索，在守护城市原有风貌的同时，浓缩了城市发展建设的诸多可能性。

参考文献

1. 南京商业地产头条. 城市更新：如何让老旧街区年轻起来 [EB/OL]. 网易新闻, 2023[2023-12-06]. https: //www.163.com/dy/article/FB9FC59M0515LR41.html.
2. 泓创智胜. 重庆市"大成广场片区城市更新项目大成组团"项目 [EB/OL]. 北京泓创智胜咨询有限公司, 2023. https: //www.hczsbj.com/page49?article_id=934.
3. 杨阳. 城市区域更新经典案例及经验总结：龙志刚专栏 [EB/OL]. 河南省交通规划设计研究院股份有限公司, 河南交通运输战略发展研究院, 2022. https: //news.qq.com/rain/a/20220108A042V100.
4. 泓创智胜. "专项债案例" 青岛市济南路片区历史文化街区城市更新项目 [EB/OL]. 北京泓创智胜咨询有限公司, 2020. https: //baijiahao.baidu.com/s?id=1684203498915167304&wfr=spider&for=pc.

城市更新
百问百答

Urban Renewal

随着城市更新行动的实施，城市建设从"粗放式发展"进入"精细化运营"时代，城市更新已成为城市可持续发展的重要途径。城市更新百问百答详细地回答了城市更新实践中关于土地使用、规划、征地拆迁等环节可能存在的疑问，以及城市更新本身的相关法律政策和流程规范，但由于各地市的城市更新法规略有差异，因此本章节以北京市出台的城市更新相关条例为范例，基于法律条文及各政府部门发布最新政策，针对各类土地的分类、土地使用权的取得方式、城市规划的基本要求、征地拆迁的补偿标准、城市更新的基本原则和实施步骤等常见问题做详细解答，为城市管理者、开发商及利益相关方提供了较为全面的参考和操作指南，有利于促进城市更新项目合法、合规、高效进行，对城市更新项目的实践有较强指引价值。

（一）土地类

土地资源是城市资源中的重要组成部分，对于人类社会的发展具有至关重要的作用。在不同的角度和标准下，土地资源可以被划分为多种不同的类别，同时，土地使用权的取得和转让也有严格的规定和程序。针对在城市更新项目推进过程中遇到的土地分类不明晰、权属不明确，土地使用权的取得及转让相关手续不清楚等问题，本部分对土地各类型概念及权属、操作等做了详细整理。

1. 根据土地用途，土地分为哪几类？

根据土地用途，分为农用地、建设用地和未利用地。

农用地是指直接用于农业生产的土地，包括耕地、林地、草地、农田水利用地、养殖水面等。

建设用地是指建造建筑物、构筑物的土地，包括城乡住宅和公共设施用地、工矿用地、交通水利设施用地、旅游用地、军事设施用地等。

未利用地是指农用地和建设用地以外的土地。

（参见《中华人民共和国土地管理法》）

2. 根据土地利用现状，土地分为哪几类？

土地利用现状分类主要依据土地的利用方式、用途、经营特点和覆盖特征等因素。采用一级、二级二个层次的分类体系，共分为12个一级类（包括耕地、园地、林地、草地、商服用地、工矿仓储用地、住宅用地、公共管理与公共服务用地、特殊用地、交通运输用地、水域及水利设施用地、其他土地），73个二级类。

（参见《土地利用现状分类》(GB/T 21010—2017)）

3. 根据土地权属，土地分为哪几类？

根据土地权属，分为国有土地和农民集体所有的土地。

城市市区的土地属于国家所有。

农村和城市郊区的土地，除由法律规定属于国家所有的以外，属于农民集体所有；宅基地和自留地、自留山，属于农民集体所有。

（参见《中华人民共和国土地管理法》）

4. 什么是代征用地？

是指建设工程沿道路、铁路、轨道交通、河道、绿化带等公共用地安排建设的，建设单位应当按照北京市有关规定代征上述公共用地。代征应当在建设工程规划验收前完成,同步办理移交。

(参见《北京市城乡规划条例》)

5. 什么是边角地、夹心地、插花地?

边角地是指在城市规划区或者村庄建设规划区内难以单独出具规划条件、被"三旧"改造范围地块与建设规划边沿或者线性工程控制用地范围边沿分隔(割)、面积小于3亩的地块。

夹心地是指在城市规划区或者村庄建设规划区内难以单独出具规划条件、被"三旧"改造范围地块包围或者夹杂于其中、面积小于3亩的地块。

插花地是指在城市规划区或者村庄建设规划区内难以单独出具规划条件、与"三旧"改造范围地块形成交互楔入状态、面积小于3亩的地块。

(参见《关于"三旧"改造工作实施意见(试行)的通知》)

6. 土地使用权的取得方式有哪些?

有出让和划拨两种方式。

土地使用权出让,是指国家将国有土地使用权(以下简称土地使用权)在一定年限内出让给土地使用者,由土地使用者向国家支付土地使用权出让金的行为。有下列方式:①双方协议;②招标;③拍卖。

土地出让权划拨,是指县级以上人民政府依法批准,在土地使用者缴纳补偿、安置等费用后将该幅土地交付其使用,或者将土地使用权无偿交付给土地使用者使用的行为。以划拨方式取得土地使用权的,除法律、行政法规另有规定外,没有使用期限的限制。

(参见《中华人民共和国城市房地产管理法》)

7. 哪些土地使用权必须通过招拍挂方式获取？

（1）商业、旅游、娱乐和商品住宅等各类经营性用地以及有竞争要求的工业用地；

（2）前款规定以外用途的土地的供地计划公布后，同一宗地有两个以上意向用地者的；

（3）划拨土地使用权改变用途，《国有土地划拨决定书》或法律、法规、行政规定等明确应当收回土地使用权，实行招标拍卖挂牌出让的；

（4）划拨土地使用权转让，《国有土地划拨决定书》或法律、法规、行政规定等明确应当收回土地使用权，实行招标拍卖挂牌出让的；

（5）出让土地使用权改变用途，《国有土地使用权出让合同》约定或法律、法规、行政规定等明确应当收回土地使用权，实行招标拍卖挂牌出让的；

（6）法律、法规、行政规定明确应当招标拍卖挂牌出让的其他情形。

（参见《招标拍卖挂牌出让国有土地使用权规定》《中华人民共和国城市房地产管理法》）

8. 什么情况下可以使用协议出让方式？

（1）供应商业、旅游、娱乐和商品住宅等各类经营性用地以外用途的土地，其供地计划公布后同一宗地只有一个意向用地者的；

（2）原划拨、承租土地使用权人申请办理协议出让，经依法批准，可以采取协议方式，但《国有土地划拨决定书》《国有土地租赁合同》、法律、法规、行政规定等明确应当收回土地使用权重新公开出让的除外；

（3）划拨土地使用权转让申请办理协议出让，经依法批准，可以采取协议方式，但《国有土地划拨决定书》、法律、法规、行政规定等明确应当收回土地使用权重新公开出让的除外；

（4）出让土地使用权人申请续期，经审查准予续期的，可以采用协议方式；

（5）法律、法规、行政规定明确可以协议出让的其他情形。

（参见《协议出让国有土地使用权规范（试行）》）

9. 哪些建设用地的土地使用权可以由划拨取得？

下列建设用地的土地使用权，确属必需的可以由县级以上人民政府依法批准划拨：

（1）国家机关用地和军事用地；

（2）城市基础设施用地和公益事业用地；

（3）国家重点扶持的能源、交通、水利等项目用地；

（4）法律、行政法规规定的其他用地。

（参见《中华人民共和国城市房地产管理法》）

10. 出让建设用地使用权的最高年限是多少？

土地使用权出让最高年限按下列用途确定：

（1）居住用地七十年；

（2）工业用地五十年；

（3）教育、科技、文化、卫生、体育用地五十年；

（4）商业、旅游、娱乐用地四十年；

（5）综合或者其他用地五十年。

（参见《中华人民共和国城镇国有土地使用权出让和转让暂行条例》）

11. 土地使用者可以改变土地用途吗？

可以。

土地使用者需要改变土地使用权出让合同规定的土地用途的，应当征得出让方同意并经土地管理部门和城市规划部门批准，依照有关规定重新签订土地使用权出让合同，调整土地使用权出让金，并办理登记。

（参见《中华人民共和国城镇国有土地使用权出让和转让暂行条例》）

12. 农用地转建设用地的审批手续有哪些？

在国土空间规划确定的城市和村庄、集镇建设用地范围内，为实施该规划而将农用地转为建设用地的，由市、县人民政府组织自然资源等部门拟订农用地转用方案，分批次报有批准权的人民政府批准。农用地转用方案应当重点对建设项目安排、是否符合国土空间规划和土地利用年度计划以及补充耕地情况作出说明。农用地转用方案经批准后，由市、县人民政府组织实施。

建设项目确需占用国土空间规划确定的城市和村庄、集镇建设用地范围外的农用地，涉及占用永久基本农田的，由国务院批准；不涉及占用永久基本农田的，由国务院或者国务院授权的省、自治区、直辖市人民政府批准。具体按照下列规定办理：

（一）建设项目批准、核准前或者备案前后，由自然资源主管部门对建设项目用地事项进行审查，提出建设项目用地预审意见。建设项目需要申请核发选址意见书的，应当合并办理建设项目用地预审与选址意见书，核发建设项目用地预审与选址意见书。

（二）建设单位持建设项目的批准、核准或者备案文件，向市、县人民政府提出建设用地申请。市、县人民政府组织自然资源等部门拟订农用地转用方案，报有批准权的人民政府批准；依法应当由国务院批准的，由省、自治区、直辖市人民政府审核后上报。农用地转用方案应当重点对是否符合国土空间规划和土地利用年度计划以及补充耕地情况作出说明，涉及占用永久基本农田的，还应当对占用永久基本农田的必要性、合理性和补划可行性作出说明。

（三）农用地转用方案经批准后，由市、县人民政府组织实施。

（参见《中华人民共和国土地管理法实施条例》）

13. 出让取得土地使用权的，转让房地产时需要满足什么条件？

以出让方式取得土地使用权的，转让房地产时，应当符合下列条件：

（1）按照出让合同约定已经支付全部土地使用权出让金，并取得土地使用权证书；

（2）按照出让合同约定进行投资开发，属于房屋建设工程的，完成开发投资总额的百分之二十五以上，属于成片开发土地的，形成工业用地或者其他建设用地条件。

转让房地产时房屋已经建成的，还应当持有房屋所有权证书。

（参见《中华人民共和国城市房地产管理法》）

14. 划拨取得土地使用权的，转让房地产时需要满足什么条件？

以划拨方式取得土地使用权的，转让房地产时，应当按照国务院规定，报有批准权的人民政府审批。有批准权的人民政府准予转让的，应当由受让方办理土地使用权出让手续，并依照国家有关规定缴纳土地使用权出让金。

以划拨方式取得土地使用权的，转让房地产报批时，有批准权的人民政府按照国务院规定决定可以不办理土地使用权出让手续的，转让方应当按照国务院规定将转让房地产所获收益中的土地收益上缴国家或者作其他处理。

（参见《中华人民共和国城市房地产管理法》）

（二）规划类

城市规划是规范城市发展建设，研究城市的未来发展、城市的合理布局和综合安排城市各项工程建设的综合部署，是一定时期内城市发展的蓝图，是城市管理的重要组成部分，是城市建设和管理的依据，也是城市规划、城市建设、城市运行三个阶段的前提。

城市规划是一项系统复杂的工作，需要综合考虑城市的自然条件、社会需求、经济基础、文化特色等多方面因素，本部分对各类规划术语做整理解答，包括城市规划中常见的三种规划类型以及城市规划中的各种控制线。

15. 什么是控制性详细规划，应包括哪些内容？

控制性详细规划是城市、县人民政府城乡规划主管部门根据城市、镇总体规划的要求，用以控制建设用地性质、使用强度和空间环境的规划。

控制性详细规划应当包括下列内容：

（一）确定规划范围内不同性质用地的界线，确定各类用地内适建、不适建或者有条件地允许建设的建筑类型。

（二）确定各地块建筑高度、建筑密度、容积率、绿地率等控制指标；确定公共设施配套要求、交通出入口方位、停车泊位、建筑后退红线距离等要求。

（三）提出各地块的建筑体量、体型、色彩等城市设计指导原则。

（四）根据交通需求分析，确定地块出入口位置、停车泊位、公共交通场站用地范围和站点位置、步行交通以及其他交通设施。规定各级道路的红线、断面、交叉口形式及渠化措施、控制点坐标和标高。

（五）根据规划建设容量，确定市政工程管线位置、管径和工程设施的用地界线，进行管线综合。确定地下空间开发利用具体要求。

（六）制定相应的土地使用与建筑管理规定。

（参见《城市、镇控制性详细规划编制审批办法》

《城市规划编制办法》）

16. 什么是修建性详细规划，谁可以编制？

城市规划、镇规划分为总体规划和详细规划。详细规划分为控制性详细规划和修建性详细规划。指依据已经依法批准的控制性详细规划，对所在地块的建设提出具体的安排和设计。城市、县人民政府城乡规划主管部门和镇人民政府可以组织编制重要地块的修建性详细规划。修建性详细规划应当符合控制性详细规划。

（参见《中华人民共和国城乡规划法》）

17. 什么是"两证一书"？

"两证一书"是对中国城市规划实施管理的基本制度的统称，包括选址意见书、建设用地规划许可证和建设工程规划许可证。

（参见《中华人民共和国城乡规划法》）

18. 什么是城市规划"红线""绿线""蓝线""黄线""紫线"？

（1）红线包括用地红线、道路红线和建筑红线。道路红线是城市道路（含居住区级道路）用地的边界线；用地红线是指各类建设工程项目用地使用权属范围的边界线；建筑红线又称建筑控制线，是指规划行政主管部门在道路红线、建设用地边界内，另行划定的地面以上建（构）筑物主体不得超出的界线。

（2）紫线：指国家历史文化名城内的历史文化街区和省、自治区、直辖市人民政府公布的历史文化街区的保护范围界线，以及历史文化街区外经县级以上人民政府公布保护的历史建筑的保护范围界线。

（3）绿线：指城市各类绿地范围的控制线。

（4）蓝线：指城市规划确定的江、河、湖、库、渠和湿地等城市地表水体保护和控制的地域界线。

（5）黄线：指对城市发展全局有影响的、城市规划中确定的、必须控制的城市基础设施用地的控制界线。

（参见《民用建筑设计统一标准》《城市绿线管理办法》《城市蓝线管理办法》《城市黄线管理办法》《城市紫线管理办法》）

（三）征地拆迁类

征地拆迁成为城市发展中一个重要的议题。在城市更新行动中，征地拆迁往往是项目启动中的重要环节，不仅关系国家的土地资源管理，也涉及被征地人的切身利益，是社会公平与正义的重要体现。本章节对中国征地拆迁相关的法律体系进行梳理，以期为开发者提供法律指导和参考。

19. 哪些情形下可以依法征收集体土地？

为了公共利益的需要，有下列情形之一，确需征收农民集体所有的土地的，可以依法实施征收：

（1）军事和外交需要用地的；

（2）由政府组织实施的能源、交通、水利、通信、邮政等基础设施建设需要用地的；

（3）由政府组织实施的科技、教育、文化、卫生、体育、生态环境和资源保护、防灾减灾、文物保护、社区综合服务、社会福利、市政公用、优抚安置、英烈保护等公共事业需要用地的；

（4）由政府组织实施的扶贫搬迁、保障性安居工程建设需要用地的；

（5）在土地利用总体规划确定的城镇建设用地范围内，经省级以上人民政府批准由县级以上地方人民政府组织实施的成片开发建设需要用地的；

（6）法律规定为公共利益需要可以征收农民集体所有的土地的其他情形。

（参见《中华人民共和国土地管理法》）

20. 征收土地应该给予哪些补偿？

征收土地应当依法及时足额支付土地补偿费、安置补助费以及农村村民住宅、其他地上附着物和青苗等的补偿费用，并安排被征地农民的社会保障费用。

征收农用地的土地补偿费、安置补助费标准由省、自治区、直辖市通过制定公布区片综合地价确定。制定片区综合地价应当综合考虑土地原用途、土地资源条件、土地产值、土地区位、土地供求关系、人口以及经济社会发展水平等因素，并至少每三年调整或者重新公布一次。

征收农用地以外的其他土地、地上附着物和青苗等的补偿标准，由省、自治区、直辖市制定。对其中的农村村民住宅，应当按照先补偿后搬迁、居住条件有改善的原则，尊重农村村民意愿，采取重新安排宅基地建房、提供安置房或者货币补偿等方式给予公平、合理的补偿，并对因征收造成的搬迁、临时安置等费用予以补偿，保障农村村民居住的权利和合法的住房财产权益。

（参见《中华人民共和国土地管理法》）

21. 什么是被征收人？

被征收人是指征收范围内依法、合理取得土地、房屋的权属证明材料的相关权利人，即宅基地使用权人及宅基地房屋所有权人、非住宅房屋所有权人。

被征收人的房屋是指宅基地上的房屋和非住宅房屋。其中，非住宅房屋是指乡（镇）村产业、公共设施、公益事业中的建筑物、构筑物及其附属设施。不含设施农业用地、耕地、林地、园地等农用地和未利用地上的建筑物、构筑物及其附属设施；不含集体土地上道路、桥梁、变压器、水井、各类管线和线杆等交通市政基础设施。

（参见《北京市征收集体土地房屋补偿管理办法》（征求意见稿））

22. 宅基地面积如何认定？

宅基地面积认定，以不动产权属证件登记面积为准；未取得不动产权属证件但有宅基地批准文件的，乡镇（街道）按照批准的宅基地面积认定；对于没有不动产权属证件和宅基地批准文件的，应当结合土地使用情况和现状，由所在村集体经济组织或村（居）民委员会对宅基地使用权人、面积、四至范围等进行确认，经公示 10 日且无异议后，出具证明，报乡镇（街道）审核后认定。

（参见《北京市征收集体土地房屋补偿管理办法》（征求意见稿））

23. 对于被征收人不服从决定有何措施？

被征收人对征地补偿安置决定、责令交出土地决定不服的，可以依法申请行政复议或提起行政诉讼。被征收人在征地补偿安置决定、责令交出土地决定规定的期限内不交出土地和房屋，且不在法定期限内申请行政复议或者提起行政诉讼的，由区人民政府依法申请不动产所在地人民法院强制执行。

（参见《北京市征收集体土地房屋补偿管理办法》（征求意见稿））

24. 房屋补偿安置方案如何制定？

区人民政府根据现状调查和社会稳定风险评估结果拟定房屋补偿安置方案，内容包括房屋补偿安置范围、安置对象、安置方式和标准、安置奖励情形及标准、安置房坐落等，并随征地补偿安置方案一并进行征地补偿安置公告，公告时间不少于 30 日。

公告期内，超过半数（不含）以上被征地的农村集体经济组织成员认为拟定的征地补偿安置方案中的房屋补偿安置方案不符合法律、法规及本办法规定的，区人民政府应当组织听证，并根据听证会情况修改完善，确定房屋补偿安置方案。

（参见《北京市征收集体土地房屋补偿管理办法》（征求意见稿））

25. 符合哪些情况，市、县级人民政府可以作出房屋征收决定？

（1）国防和外交的需要；

（2）由政府组织实施的能源、交通、水利等基础设施建设的需要；

（3）由政府组织实施的科技、教育、文化、卫生、体育、环境和资源保护、防灾减灾、文物保护、社会福利、市政公用等公共事业的需要；

（4）由政府组织实施的保障性安居工程建设的需要；

（5）由政府依照城乡规划法有关规定组织实施的对危房集中、基础设施落后等地段进行旧城区改建的需要；

（6）法律、行政法规规定的其他公共利益的需要。

（参见《国有土地房屋征收与补偿条例》）

26. 国有土地被征收人应该被给予哪些补偿？

作出房屋征收决定的市、县级人民政府对被征收人给予的补偿包括：

（1）被征收房屋价值的补偿；

（2）因征收房屋造成的搬迁、临时安置的补偿；

（3）因征收房屋造成的停产停业损失的补偿。

市、县级人民政府应当制定补助和奖励办法，对被征收人给予补助和奖励。

（参见《国有土地房屋征收与补偿条例》）

27. 房屋拆迁补偿与安置可以以什么方式进行？

被征收人可以选择货币补偿，也可以选择房屋产权调换。

被征收人选择房屋产权调换的，市、县级人民政府应当提供用于产权调换的房屋，并与被征收人计算、结清被征收房屋价值与用于产权调换房屋价值的差价。

因旧城区改建征收个人住宅，被征收人选择在改建地段进行房屋产权调换的，作出房屋征收决定的市、县级人民政府应当提供改建地段或者就近地段的房屋。

（参见《国有土地上房屋征收与补偿条例》）

28. 对被征收房屋实施补偿，如何评估其价格？

对被征收房屋价值的补偿，不得低于房屋征收决定公告之日被征收房屋类似房地产的市场价格。被征收房屋的价值，由具有相应资质的房地产价格评估机构按照房屋征收评估办法评估确定。

对评估确定的被征收房屋价值有异议的，可以向房地产价格评估机构申请复核评估。对复核结果有异议的，可以向房地产价格评估专家委员会申请鉴定。

（参见《国有土地上房屋征收与补偿条例》）

29. 房屋补偿协议一般包括哪些内容？

补偿方式、补偿金额和支付期限、用于产权调换房屋的地点和面积、搬迁费、临时安置费或者周转用房、停产停业损失、搬迁期限、过渡方式和过渡期限等事项。

（参见《国有土地上房屋征收与补偿条例》）

30. 若房屋征收部门与被征收人达不成补偿协议的，应怎样处理？

房屋征收部门与被征收人在征收补偿方案确定的签约期限内达不成补偿协议，或者被征收房屋所有权人不明确的，由房屋征收部门报请作出房屋征收决定的区县人民政府按照征收补偿方案作出补偿决定，并在房屋征收范围内予以公告。

被征收人对补偿决定不服的，可以依法申请行政复议，也可以依法提起行政诉讼。

（参见《北京市国有土地上房屋征收与补偿实施意见》）

31. 如何推进搬迁？

实施房屋征收应当先补偿、后搬迁。作出房屋征收决定的区县人民政府对被征收人给予补偿后，被征收人应当在补偿协议约定或者补偿决定确定的搬迁期限内完成搬迁。

任何单位和个人不得采取暴力、威胁或者违反规定中断供水、供热、供气、供电和道路通行等非法方式迫使被征收人搬迁。禁止建设单位参与搬迁活动。

对被拆迁人与拆迁人达不成拆迁补偿协议，经行政裁决后不搬迁的，可依法向人民法院申请强制执行。

（参见《北京市国有土地上房屋征收与补偿实施意见》）

（四）城市更新类

随着城市更新项目数量、类型的不断增加，为了确保城市更新过程的合法性、合理性，各地人民政府均陆续出台了城市更新相关法律法规，让城市更新做到有法可依、有理可据，促进城市空间的优化和生活质量的提升。各地对于城市更新的法律限定略有不同，本章节以北京为例，汇总北京市城市更新相关法规，从土地征用、规划许可、建筑标准、环境保护、历史遗产保护以及社会参与等多个容易产生问题的方面进行解答，旨在为城市更新项目开展提供具有针对性的参考。

32. 什么是城市更新？遵循哪些基本原则？

城市更新是指对本市建成区内城市空间形态和城市功能的持续完善和优化调整。

本市城市更新工作遵循规划引领、民生优先、政府统筹、市场运作，科技赋能、绿色发展，问题导向、有序推进，多元参与、共建共享的原则，实行"留改拆"并举，以保留利用提升为主。

（参见《北京市城市更新条例》）

33. 城市更新的范围是什么？

具体包括：①以保障老旧平房院落、危旧楼房、老旧小区等房屋安全，提升居住品质为主的居住类城市更新；②以推动老旧厂房、低效产业园区、老旧低效楼宇、传统商业设施等存量空间资源提质增效为主的产业类城市更新；③以更新改造老旧市政基础设施、公共服务设施、公共安全设施，保障安全、补足短板为主的设施类城市更新；④以提升绿色空间、滨水空间、慢行系统等环境品质为主的公共空间类城市更新；⑤以统筹存量资源配置、优化功能布局，实现片区可持续发展的区域综合性城市更新；⑥市人民政府确定的其他城市更新活动。

本市城市更新活动不包括土地一级开发、商品住宅开发等项目。

（参见《北京市城市更新条例》）

34. 城市更新的主要方式有哪些？

①老旧小区改造；②危旧楼房改建；③老旧厂房改造；④老旧楼宇更新；⑤首都功能核心区平房（院落）更新；⑥其他类型。

（参见《北京市人民政府关于实施城市更新行动的指导意见》）

35. 城市更新的拆除规模是多少？

除违法建筑和经专业机构鉴定为危房且无修缮保留价值的建筑外，不大规模、成片集中拆除现状建筑，原则上城市更新单元（片区）或项目内拆除建筑面积不应大于现状总建筑面积的20%。

（参见《住房和城乡建设部关于在实施城市更新行动中防止大拆大建问题的通知》）

36. 城市更新的增建规模是多少？

除增建必要的公共服务设施外，不大规模新增老城区建设规模，不突破原有密度强度，不增加资源环境承载压力，原则上城市更新单元（片区）或项目内拆建比不应大于2。在确保安全的前提下，允许适当增加建筑面积用于住房成套化改造、建设保障性租赁住房、完善公共服务设施和基础设施等。

（参见《住房和城乡建设部关于在实施城市更新行动中防止大拆大建问题的通知》）

37. 城市更新的搬迁要求是多少？

不大规模、强制性搬迁居民，不改变社会结构，不割断人、地和文化的关系。要尊重居民安置意愿，鼓励以就地、就近安置为主，改善居住条件，保持邻里关系和社会结构，城市更新单元（片区）或项目居民就地、就近安置率不宜低于50%。

（参见《住房和城乡建设部关于在实施城市更新行动中防止大拆大建问题的通知》）

38. 城市更新中保证住房租赁市场供需平稳的措施有哪些？

不短时间、大规模拆迁城中村等城市连片旧区，防止出现住房租赁市场供需失衡加剧新市民、低收入困难群众租房困难。注重稳步实施城中村改造，完善公共服务和基础设施，改善公共环境，消除安全隐患，同步做好保障性租赁住房建设，统筹解决新市民、低收入困难群众等重点群体租赁住房问题，城市住房租金年度涨幅不超过5%。

（参见《住房和城乡建设部关于在实施城市更新行动中防止大拆大建问题的通知》）

39. 如何进行城市更新规划？

本市按照国土空间规划体系要求，通过城市更新专项规划和相关控制性详细规划对资源和任务进行时空统筹和区域统筹，通过国土空间规划"一张图"系统对城市更新规划进行全生命周期管理，统筹配置、高效利用空间资源。

（参见《北京市城市更新条例》）

40. 城市更新专项规划是什么？

是指导本市行政区域内城市更新工作的总体安排，具体包括提出更新目标、明确组织体系、划定重点更新区域、完善更新保障机制等内容。市规划自然资源部门组织编制城市更新专项规划，经市人民政府批准后，纳入控制性详细规划。

（参见《北京市城市更新条例》）

41. 城市更新项目实施的规划依据是什么？

控制性详细规划。编制控制性详细规划应当落实城市总体规划、分区规划要求，进行整体统筹。

（参见《北京市城市更新条例》）

42. 编制更新类控制性详细规划有什么要求？

应当根据城市建成区特点，结合更新需求以及群众诉求，科学确定规划范围、深度和实施方式，小规模、渐进式、灵活多样地推进城市更新。

（参见《北京市城市更新条例》）

43. 城市更新项目中的规划有哪些要求？

以街区为单元实施城市更新，依据街区控制性详细规划，科学编制更新地区规划综合实施方案和更新项目实施方案。开展街区综合评估，查找分析街区在城市功能、配套设施、空间品质等方面存在的问题，梳理空间资源，确定更新任务。

（参见《北京市人民政府关于实施城市更新行动的指导意见》）

44. 城市更新项目中的零星土地如何纳入统筹实施？

城市更新项目中的"边角地""夹心地""插花地"等零星土地，以及不具备单独建设条件的土地，可与周边用地统筹实施，重点用于完善片区公共服务设施；涉及经营性用途的以协议出让方式办理供地手续。鼓励国有企事业单位以多种土地方式，将其闲置的零星土地或建构筑物，纳入城市更新项目统筹实施。

（参见《北京市城市更新专项规划（北京市"十四五"时期城市更新规划）》）

45. 对城市更新项目，在规划上的支持政策有哪些？

（1）对于符合规划使用性质正面清单，保障居民基本生活、补齐城市短板的更新项目，可根据实际需要适当增加建筑规模。增加的建筑规模不计入街区管控总规模，由各区单独备案统计。

（2）经参与表决专有部分面积四分之三以上的业主且参与表决人数四分之三以上的业主同意，老旧小区现状公共服务设施配套用房可根据实际需求用于市政公用、商业、养老、文化、体育、教育等符合规划使用性质正面清单规定的用途。

（3）在满足相关规范的前提下，可在商业、商务办公建筑内安排文化、体育、教育、医疗、社会福利等功能。

（4）在符合规划使用性质正面清单，确保结构和消防安全的前提下，地下空间平时可综合用于市政公用、交通、公共服务、商业、仓储等用途，战时兼顾人民防空需要。

（5）在按照《北京市居住公共服务设施配置指标》等技术规范进行核算的基础上，满足消防等安全要求并征询相关权利人意见后，部分地块的绿地率、建筑密度、建筑退界和间距、机动车出入口等可按不低于现状水平控制。

（参见《北京市人民政府关于实施城市更新行动的指导意见》）

46. 城市更新项目库如何建立？

本市建立市、区两级城市更新项目库，实行城市更新项目常态申报和动态调整机制，由城市更新实施单元统筹主体、项目实施主体向区城市更新主管部门申报纳入项目库。

（参见《北京市城市更新条例》）

47. 城市更新的组织领导和工作协调机制是什么？

市人民政府负责统筹全市城市更新工作，研究、审议城市更新相关重大事项。

市住房城乡建设部门负责综合协调本市城市更新实施工作，研究制定相关政策、标准和规范，制定城市更新计划并督促实施，跟踪指导城市更新示范项目，按照职责推进城市更新信息系统建设等工作。

市规划自然资源部门负责组织编制城市更新相关规划并督促实施，按照职责研究制定城市更新有关规划、土地等政策。

市发展改革、财政、教育、科技、经济和信息化、民政、生态环境、城市管理、交通、水务、商务、文化旅游、卫生健康、市场监管、国资、文物、园林绿化、金融监管、政务服务、人防、税务、公安、消防等部门，按照职责推进城市更新工作。

（参见《北京市城市更新条例》）

48. 城市更新实施方案由谁编制？包括什么内容？

实施方案由实施主体在项目纳入城市更新计划后开展编制工作。编制过程中应当与相关物业权利人进行充分协商，征询利害关系人的意见。

编制实施方案应当依据控制性详细规划和项目更新需要，需明确更新范围、内容、方式以及建筑规模、使用功能、设计方案、建设计划、土地取得方式、市政基础设施和公共服务设施建设、成本测算、资金筹措方式、运营管理模式、产权办理等内容。

（参见《北京市城市更新条例》）

49. 城市更新实施方案的报审流程是什么？

实施方案由实施主体报区城市更新主管部门审查，由区人民政府组织区城市更新主管部门会同有关行业主管部门进行联合审查；涉及国家和本市重点项目、跨行政区域项目、涉密项目等重大项目的，应当报市人民政府批准。审查通过的，由区城市更新主管部门会同有关行业主管部门出具意见，并在城市更新信息系统上对项目情况进行公示，公示时间不得少于十五个工作日。

（参见《北京市城市更新条例》）

50. 城市更新实施方案的审核重点是什么？

（1）是否符合城市更新规划和导则相关要求；

（2）是否符合本条例第四条相关要求；

（3）现状评估、房屋建筑性能评估等工作情况；

（4）更新需求征询以及物业权利人对实施方案的协商表决情况；

（5）建筑规模、主体结构、使用用途调整等情况是否符合相关规划；

（6）项目资金和用地保障情况；

（7）更新改造空间利用以及运营、产权办理、消防专业技术评价情况。

（参见《北京市城市更新条例》）

51. 城市更新项目前期推进流程是什么？

（1）确定实施主体。城市更新项目产权清晰的，产权单位可作为实施主体，也可以协议、作价出资（入股）等方式委托专业机构作为实施主体；产权关系复杂的，由区政府（含北京经济技术开发区管委会，下同）依法确定实施主体。

（2）编制实施方案。实施主体应在充分摸底调查的基础上，编制更新项目实施方案并征求相关权利人或居民意见。

（3）审查决策。更新项目实施方案由区相关行业主管部门牵头进行审查，并经区政府同意后实施。重点地区或重要项目实施更新如涉及首都规划重大事项，要按照有关要求和程序向党中央请示报告。

（4）手续办理。城市更新相关审批手续原则上由区行政主管部门办理，各区政府应结合优化营商环境相关政策，进一步简化审批程序，压缩审批时间，提高审批效率。

（参见《北京市人民政府关于实施城市更新行动的指导意见》）

52. 城市更新如何划定实施单元？

区人民政府依据城市更新专项规划和相关控制性详细规划，可以将区域综合性更新项目或者多个城市更新项目，划定为一个城市更新实施单元，统一规划、统筹实施。

（参见《北京市城市更新条例》）

53. 物业权利人在城市更新活动中，享有哪些权利？

（1）向本市各级人民政府及其有关部门提出更新需求和建议；

（2）自行或者委托进行更新，也可以与市场主体合作进行更新；

（3）更新后依法享有经营权和收益权；

（4）城市更新项目涉及多个物业权利人的，依法享有相应的表决权，对共用部位、共用设施设备在更新后依实施方案享有收益权；

（5）对城市更新实施过程享有知情权、监督权和建议权；

（6）对侵害自己合法权益的行为，有权请求承担民事责任；

（7）法律法规规定的其他权利。

（参见《北京市城市更新条例》）

54. 城市更新的实施主体是如何确定的？

（1）涉及单一物业权利人的，物业权利人自行确定实施主体；涉及多个物业权利人的，协商一致后共同确定实施主体；无法协商一致，涉及业主共同决定事项的，由业主依法表决确定实施主体；涉及法律法规规定的公共利益、公共安全等情况确需更新的，可以由区人民政府采取招标等方式确定实施主体。

（2）区人民政府确定与实施单元范围内城市更新活动相适应的主体作为实施单元统筹主体，具体办法由市住房城乡建设部门会同有关部门制定。实施单元统筹主体也可以作为项目实施主体。

（3）具备规划设计、改造施工、物业管理、后期运营等能力的市场主体，可以作为实施主体。

（4）公共空间类更新项目由项目所在地街道办事处、乡镇人民政府或者经授权的企业担任实施主体。

（参见《北京市城市更新条例》）

55. 城市更新的实施主体负责哪些工作？

负责开展项目范围内现状评估、房屋建筑性能评估、消防安全评估、更新需求征询、资源整合等工作，编制实施方案，推动项目范围内物业权利人达成共同决定。

（参见《北京市城市更新条例》）

56. 城市更新过程中，涉及公有住房腾退的，产权单位如何实施？

产权单位应当妥善安置承租人，可以采取租赁置换、产权置换等房屋置换方式或者货币补偿方式予以安置补偿。

（参见《北京市城市更新条例》）

57. 直管公房承租人拒不配合腾退房屋的，如何处理？

项目范围内直管公房承租人签订安置补偿协议比例达到实施方案规定要求，承租人拒不配合腾退房屋的，产权单位可以申请调解；调解不成的，区城市更新主管部门可以依申请作出更新决定。承租人对决定不服的，可以依法申请行政复议或者提起行政诉讼。在法定期限内不申请行政复议或者不提起行政诉讼，在决定规定的期限内又不配合的，由区城市更新主管部门依法申请人民法院强制执行。

（参见《北京市城市更新条例》）

58. 城市更新过程中，涉及私有住房腾退的，如何进行补偿？

实施主体可以采取产权调换、提供租赁房源或者货币补偿等方式进行协商。

（参见《北京市城市更新条例》）

59. 私有住房拒不配合腾退房屋的，如何处理？

城市更新项目范围内物业权利人腾退协议签约比例达到百分之九十五以上的，实施主体与未签约物业权利人可以向区人民政府申请调解。调解不成且项目实施涉及法律、行政法规规定的公共利益，确需征收房屋的，区人民政府可以依据《国有土地上房屋征收与补偿条例》等有关法律法规规定对未签约的房屋实施房屋征收。

（参见《北京市城市更新条例》）

60. 首都功能核心区平房院落的更新模式是什么？

采取保护性修缮、恢复性修建的，可以采用申请式退租、换租、房屋置换等方式，完善配套功能，改善居住环境，加强历史文化保护，恢复传统四合院基本格局；按照核心区控制性详细规划合理利用腾退房屋，建立健全平房区社会管理机制。

首都功能核心区平房院落腾退空间，在满足居民共生院改造和申请式改善的基础上，允许实施主体依据控制性详细规划，利用腾退空间发展租赁住房、便民服务、商务文化服务等行业。

（参见《北京市城市更新条例》）

61. 危旧楼房和简易楼改建的更新模式是什么？

（1）改建项目应当不增加户数，可以利用地上、地下空间，补充部分城市功能，适度改善居住条件，可以在符合规划、满足安全要求的前提下，适当增加建筑规模作为共有产权住房或者保障性租赁住房。对于位于重点地区和历史文化街区内的危旧楼房和简易楼，鼓励和引导物业权利人通过腾退外迁改善居住条件。

（2）建立物业权利人出资、社会筹资参与、政府支持的资金筹集模式，物业权利人可以提取住房公积金或者利用公积金贷款用于支付改建成本费用。

（参见《北京市城市更新条例》）

62. 老旧小区的更新模式是什么？

（1）实施老旧小区综合整治改造的，应当开展住宅楼房抗震加固和节能综合改造，整治提升小区环境，健全物业管理和物业服务费调整长效机制，改善老旧小区居住品质。经业主依法共同决定，业主共有的设施与公共空间，可以通过改建、扩建用于补充小区便民服务设施等。

（2）老旧小区综合整治改造中包含售后公房的，售房单位应当进行专项维修资金补建工作，售后公房业主应当按照国家和本市有关规定续筹专项维修资金。

（参见《北京市城市更新条例》）

63. 老旧厂房的更新模式是什么？

实施老旧厂房更新改造的，在符合街区功能定位的前提下，鼓励用于补充公共服务设施、发展高精尖产业，补齐城市功能短板。在符合规范要求、保障安全的基础上,可以经依法批准后合理利用厂房内部空间进行加层改造。

(参见《北京市城市更新条例》)

64. 低效产业园区的更新模式是什么?

(1)实施低效产业园区更新的,应当推动传统产业转型升级,重点发展新产业、新业态,聚集创新资源、培育新兴产业,完善产业园区配套服务设施。

(2)区人民政府应当建立产业园区分级分类认定标准,将产业类型、投资强度、产出效率、创新能力、节能环保等要求,作为产业引入的条件。区人民政府组织与物业权利人以及实施主体签订履约监管协议,明确各方权利义务。

(参见《北京市城市更新条例》)

65. 老旧低效楼宇的更新模式是什么?

(1)实施老旧低效楼宇更新的,应当优化业态结构、完善建筑安全和使用功能、提升空间品质、提高服务水平、拓展新场景、挖掘新消费潜力、提升城市活力提高智能化水平、满足现代商务办公需求。

(2)对于存在建筑安全隐患或者严重抗震安全隐患,以及不符合民用建筑节能强制性标准的老旧低效楼宇,物业权利人应当及时进行更新;没有能力更新的,可以向区人民政府申请收购建筑物、退回土地。

(3)在符合规划和安全等规定的条件下,可以在商业、商务办公建筑内安排文化、体育、教育、医疗、社会福利等功能,也可以用于宿舍型保障性租赁住房。

(参见《北京市城市更新条例》)

66. 市政基础设施的更新模式是什么？

（1）应当完善道路网络，补足交通设施短板，强化轨道交通一体化建设和场站复合利用，建设和完善绿色慢行交通系统，构建连续、通畅、安全的步行与自行车道网络，促进绿色交通设施改造。推进综合管廊建设，完善市政供给体系，建立市政专业整合工作推进机制，统筹道路施工和地下管线建设，应当同步办理立项、规划和施工许可。

（2）实施老旧、闲置公共服务设施更新改造的，鼓励利用存量资源改造为公共服务设施和便民服务设施，按照民生需求优化功能、丰富供给，提升公共服务设施的服务能力与品质。

（参见《北京市城市更新条例》）

67. 公共空间的更新模式是什么？

（1）应当统筹绿色空间、滨水空间、慢行系统、边角地、插花地、夹心地等，改善环境品质与风貌特色。实施居住类、产业类城市更新项目时，可以依法将边角地、插花地、夹心地同步纳入相关实施方案，同步组织实施。

（2）企业作为实施主体可以通过提供专业化物业服务等方式运营公共空间。有关专业部门、公共服务企业予以专项支持。

（参见《北京市城市更新条例》）

68. 老旧小区更新改造过程中，哪些事项需要征求居民意见？

（1）利用现状房屋和小区公共空间补充社区综合服务设施或其他

配套设施时,现状房屋归业主共有的,应当经参与表决专有部分面积四分之三以上的业主且参与表决人数四分之三以上的业主同意;现状房屋有明确产权人的,产权人应征求业主意见。

(2)增设停车设施应取得业主大会同意,未成立业主大会的,街道办事处(乡镇政府)、居民委员会等应组织征求居民意见。

(3)街道办事处(乡镇政府)组织对老旧小区更新改造项目清单、引入社会资本涉及收费的加装电梯、增设停车设施等内容,以及物业服务标准、物业服务费用等征求居民意见,形成最终改造整治实施方案。

(参见《北京市关于老旧小区更新改造工作的意见》)

69. 什么是老旧小区更新中的"六治七补三规范"?

"六治"为治危房、治违法建设、治开墙打洞、治群租、治地下空间违规使用、治乱搭架空线;"七补"为补抗震节能、补市政基础设施、补居民上下楼设施、补停车设施、补社区综合服务设施、补小区治理体系、补小区信息化应用能力;"三规范"为规范小区自治管理、规范物业管理、规范地下空间利用。

(参见《北京市"十四五"时期老旧小区改造规划》)

70. 什么是"劲松模式"?

劲松北社区老旧小区综合整治项目位于朝阳区劲松街道,该社区始建于1978年,共有居民楼43栋,总建筑面积19.4万平方米。2018年以来,劲松街道将劲松北社区一区、二区作为先行试点,引入社会资本参与改造,通过入户访谈、现场调研、组织座谈等方式,精准定位居民需求,从加装电梯、公共空间、公共设施、物业管理等多方面提升居民品质,后续通过物业管理服务的使用者付费、政府补贴、商业收费等多种渠道,实现一定期限内投资回报的平衡,构建了社会资本参与老旧小区综合整治的创新机制。

（参见《北京市"十四五"时期老旧小区改造规划》）

71. 老旧小区的基础类改造内容主要包括什么？

为满足居民安全需要和基本生活需求的改造内容，主要包括改造提升市政配套基础设施、建筑结构安全性与抗震节能改造等。其中，改造提升市政配套基础设施包括改造提升小区内部及与小区联系的供水、排水、供电、弱电、道路、供气、供热、生活垃圾分类、移动通信等基础设施，以及光纤入户、架空线规整（入地）等。

（参见《北京市"十四五"时期老旧小区改造规划》）

72. 老旧小区的完善类改造内容主要包括什么？

为满足居民生活便利需要和改善型生活需求的改造内容，主要包括环境及配套设施改造建设、小区内有条件的住宅楼栋加装电梯或安装辅助爬楼设备、楼内老化供（排）水和供热管道改造等。其中，改造建设环境及配套设施应包括整治小区及周边绿化、照明等环境，改造或建设小区及周边适老化和无障碍设施、停车库（场）、电动自行车及汽车充电设施、智能信包箱、文化休闲设施、体育健身设施、物业服务用房等配套设施。

（参见《北京市"十四五"时期老旧小区改造规划》）

73. 老旧小区的提升类改造内容主要包括什么？

为丰富社区服务供给、提升居民生活品质、立足小区及周边实际条件而推进实施的改造内容，主要包括公共服务设施配套建设及其智慧化改造，包括社区综合服务设施、卫生服务站等公共卫生设施、幼儿园等教育设施、周界防护等智能感知设施，太阳能光伏系统等可再生能源设施，以及养老、托育、助餐、家政保洁、便民市场、便利店、邮政快递末端综合服务站等社区专项服务设施。

（参见《北京市"十四五"时期老旧小区改造规划》）

74. 什么是物业服务中的"先尝后买"？

由业主委员会或物业管理委员会、居民委员会、社区党委等预选物业服务企业，先期确定物业管理服务模式，在规定期限内提供准物业服务，不签订物业合同，不收取物业费。期满后由业主委员会或物业管理委员会组织居民进行投票，通过共同决议后正式选聘物业服务企业为小区提供服务，并签订物业服务合同，明确业主和物业服务企业双方权责。通过"尝"，使居民先体验、认可服务，培育使用物业服务意识；在居民认可的基础上，实现"买"，签订物业服务合同，切实把改造后的老旧小区管起来、管理好。

（参见《北京市"十四五"时期老旧小区改造规划》）

75. 老旧厂房更新的实施方式是什么？

（1）自主更新。在符合街区功能定位和规划前提下，鼓励原产权单位（或产权人）通过自主、联营等方式对老旧厂房进行更新改造、转型升级。可成立多元主体参与的平台公司，原产权单位（或产权人）按原使用条件通过土地作价（入股）的形式参与更新改造，由平台公司作为项目实施主体，按规划要求推进老旧厂房更新，对设施、业态进行统筹利用和管理。

（2）政府收储。根据实施规划需要，涉及区域整体功能调整的，统一由政府收储，按照规划用途重新进行土地资源配置，由新的使用权人按照规划落实相应功能。可给予原产权单位（或产权人）异地置换相应指标。

（参见北京市《北京市规划和自然资源委员会 北京市住房和城乡建设委员会 北京市发展改革委员会 北京市财政局关于开展老旧厂房更新改造工作的意见》）

76. 对老旧厂房的更新有哪些投资支持政策？

（1）对于建筑规模超过3000平方米，资源配置效率显著提升、产业引领性强的重点项目，按照现行政策予以支持，单个项目支持金额最高不超过5000万元。

（2）对于先进制造业中纳入《北京市老旧厂房改造再利用台账》、建设期不超过3年、固定资产投资不低于500万元的竣工项目，将于竣工后按照总投资额的20%予以奖励，单个项目奖励最高不超过3000万元；对于采用融资租赁方式租赁研发、建设、生产环节中需要的关键设备和产线的，按照不超过5%费率分年度补贴，最高不超过3年，单个企业年度补贴金额不超过1000万元。

（3）鼓励社会资本利用老旧厂房开展以一致性测试、小批量生产为目标的中试线建设，鼓励国家级和市级产业创新中心、企业技术中心，自建或联合科研院校开展以规模化生产、测试验证生产工艺成熟度和工程实现可行性为目的的中试线建设。对符合条件的项目按照不超过项目固定资产投资额的30%给予奖励，单个项目奖励金额最高不超过3000万元。

（4）鼓励充分利用老旧厂房空间资源，打造一批"专精特新"特色园区。吸引"专精特新"企业入驻，对于入驻的"专精特新"企业使用面积占园区入驻企业总使用面积比例超20%的特色园区，对该类项目按实际建设投入给予最高500万元资金补助，并根据服务绩效给予最高100万元奖励。

（参见北京市《关于促进本市老旧厂房更新利用的若干措施》）

77. 对保护利用老旧厂房拓展文化空间的，有哪些支持政策？

（1）对保护利用老旧厂房改建、兴办文化馆、图书馆、博物馆、美术馆等非营利性公共文化设施的，依规批准后，可采取划拨方式办理相关用地手续。

（2）对保护利用老旧厂房发展文化创意产业项目，且不改变原有土地性质、不变更原有产权关系、不涉及重新开发建设的，经评估认定并依规批准后，可实行继续按原用途和原土地权利类型使用土地的5年过渡期政策，过渡期内暂不对划拨土地的经营行为征收土地收益。过渡期满或涉及转让需办理相关用地手续的，经评估认定并依规批准后，可按新用途、新权利类型、市场价，采取协议出让方式或长期租赁、先租后让、租让结合等方式办理相关用地手续。

（3）鼓励社会资本参与老旧厂房保护利用，对于符合支持条件的保护利用项目，可从市政府固定资产投资中安排资金补贴；对保护利用项目中的公益性、公共性服务平台建设与服务事项，通过政府购买服务、担保补贴、贷款贴息等方式予以支持。鼓励老旧厂房所有权主体和运营主体，以老旧厂房所有权、租赁权和运营权为标的，以租金收益为基础，通过资产证券化等方式进行融资，拓宽资金来源。

（参见北京市《关于保护利用老旧厂房拓展文化空间的指导意见》）

78. 对改造利用腾退空间和低效楼宇促进高精尖产业发展的，有哪些支持政策？

（1）支持产业：改造升级后发展文化、金融、科技、商务、创新创业服务等现代服务业，新一代信息技术、先进制造等高精尖产业的。

（2）支持方式：投资补助和贷款贴息，可以申请其中一种支持方式。

①投资补助。腾退低效楼宇改造项目,按照固定资产投资总额10%的比例安排市政府固定资产投资补助资金,最高不超过5000万元。老旧厂房改造和产业园区内配套基础设施改造项目,按照固定资产投资总额30%的比例安排市政府固定资产投资补助资金,最高不超过5000万元。

②贷款贴息。对于改造升级项目发生的银行贷款,可以按照基准利率给予不超过2年的贴息支持,总金额不超过5000万元。

(3)资金拨付:固定资产投资补助资金分两批拨付。第一批为项目资金申请报告批复后,拨付补助资金总额的70%。第二批为项目交付后一年内,经评估符合相关条件后,拨付剩余30%资金。

(参见北京市《关于加强腾退空间和低效楼宇改造利用
促进高精尖产业发展的工作方案(试行)》)

79. 利用简易楼腾退建设绿地或公益性设施的项目,应当符合哪些基本要求?

(1)项目应当符合首都功能核心区控制性详细规划、国民经济和社会发展规划。

(2)项目经所在区政府确定为重点实施项目,项目实施主体明晰。

(3)项目应当立项(审批、核准或备案)、规划等手续齐备,资金来源明晰,自筹资金已经到位。

(4)项目应当已完成腾退搬迁签约。对尚未完成腾退搬迁签约的项目不支持。对已拆除完毕的项目不支持。

(5)项目腾退后空间利用方案明确,用于建设绿地或基础设施、公共服务等公益性设施。

(参见北京市《关于支持首都功能核心区利用简易楼腾退
建设绿地或公益性设施的实施办法》)

80. 对利用简易楼腾退建设绿地或公益性设施的项目，有哪些支持政策？如何申报？

（1）支持方式及补助标准。对符合条件的项目给予总投资50%的市政府固定资产投资补助。投资补助资金一次性安排。

（2）申报程序

项目单位应当在项目启动后、竣工前向所在区发展改革委提出资金支持申请，由区发展改革委进行初步审核并经区政府同意后向市发展改革委申报。市发展改革委对项目资金申请报告进行审核，对符合条件的项目按照固定资产投资审批程序审核批复项目资金申请报告。

（3）申报材料

①项目建设所在区发展改革委出具的申请资金支持的请示；②项目立项文件；③规划自然资源部门出具的有效规划及用地文件；④资金申请报告。

（4）项目可以包括一个或多个简易楼楼栋，原则上一个项目只能申请一次资金补助，禁止多头申报和重复申报。

（参见北京市《关于支持首都功能核心区利用简易楼腾退建设绿地或公益性设施的实施办法》）

81. 存量国有建设用地的利用方式有哪些？

涉及的划拨用地、出让用地，根据盘活利用的不同形式和具体情况，可采取协议出让、先租后让、租赁、作价出资（入股）或保留划拨方式使用土地（再利用为商品住宅的除外）。

可结合规划情况，合理约定出让年限，但不得超过相应用途法定最高出让年限。以弹性年期方式使用土地的，出让年限不得超过20年。以长期租赁方式使用土地的，租赁期限不得超过20年。到期后可按规定申请续期。

（参见北京市《关于存量国有建设用地盘活利用的
指导意见（试行）》）

82. 什么情况下可以进行异地置换？

对腾退的流通业用地、工业用地，在收回原国有建设用地使用权后，在符合规划及本市产业发展要求前提下，经批准可以协议出让方式为原土地使用权人安排产业用地。

符合城市副中心发展定位的国有企事业单位，在疏解至城市副中心时，允许其新建或购买办公场所；符合划拨条件的，可以划拨方式供应土地；原国有土地使用权被收回的，经批准可以协议方式按照规划建设用地标准为原土地使用权人安排用地，所收回的土地由属地区政府依法安排使用。

（参见北京市《关于存量国有建设用地盘活利用的
指导意见（试行）》）

83. 存量国有建设用地的过渡期政策是什么？

企业利用存量房产、土地资源发展本市重点支持产业的，可享受在一定年限内不改变用地主体和用途的过渡期政策，过渡期以5年为上限。过渡期满或涉及转让需办理改变用地主体和规划条件的手续时，除符合《划拨用地目录》的可保留划拨外，其余可以协议方式办理，但法律法规、行政规定等有明确规定以及国有建设用地划拨决定书、租赁合同等有规定或约定应当收回土地使用权重新出让的除外。

（参见北京市《关于存量国有建设用地盘活利用的
指导意见（试行）》）

84. 建筑用途转换、土地用途兼容是什么?

存量建筑在符合规划和管控要求的前提下,经依法批准后可以转换用途。鼓励各类存量建筑转换为市政基础设施、公共服务设施、公共安全设施。公共管理与公共服务类建筑用途之间可以相互转换;商业服务业类建筑用途之间可以相互转换;工业以及仓储类建筑可以转换为其他用途。

(参见《北京市城市更新条例》)

85. 产业用地混合利用的规定有哪些?

单一用途产业用地内,可建其他产业用途和生活配套设施的比例不超过地上总建筑规模的 30%,其中用于零售、餐饮、宿舍等生活配套设施的比例不超过地上总建筑规模的 15%。

(参见北京市《关于存量国有建设用地盘活利用的指导意见(试行)》)

86. 用地性质需要调整的,土地出让价款如何缴纳?

用地性质调整需补缴土地价款的,可分期缴纳,首次缴纳比例不低于 50%,分期缴纳的最长期限不超过 1 年。

(参见《北京市人民政府关于实施城市更新行动的指导意见》)

87. 哪些情况下,土地出让价款不用补缴?

在符合规划、不改变用途的前提下,对现有工业用地提高土地利用率和增加容积率的,以及对提高自有工业用地或仓储用地利用率、容积率并用于仓储、分拨运转等物流设施建设的，不再增收土地价款；对企事业单位依法取得使用权的土地经批准变更土地用途建设保障性租赁住房的，不补缴土地价款，原划拨的土地可继续保留划拨方式；对闲置和低效利用的商业办公、旅馆、厂房、仓储、科研教育等非居住存量房屋，不变更土地用途，用于建设保障性租赁住房的，不补缴土地价款。经盘活利用发展高精尖产业项目的，土地价款按本市构建高精尖经济结构等相关用地政策执行。

（参见北京市《关于存量国有建设用地盘活利用的指导意见（试行）》）

88. 城市更新项目如何办理用地手续？

更新项目可依法以划拨、出让、租赁、作价出资（入股）等方式办理用地手续。代建公共服务设施产权移交政府有关部门或单位的，以划拨方式办理用地手续。经营性设施以协议或其他有偿使用方式办理用地手续。

（参见《北京市人民政府关于实施城市更新行动的指导意见》）

89. 城市更新活动中，国有建设用地采用什么方式配置？

国有建设用地依法采取租赁、出让、先租后让、作价出资或者入股等有偿使用方式或者划拨方式配置。采取有偿使用方式配置国有建设用地的，可以按照国家规定采用协议方式办理用地手续。

（参见《北京市城市更新条例》）

90. 如何采用租赁方式配置国有建设用地？

（1）租赁国有建设用地可以依法登记，租赁期满后可以续租。在租赁期以内，承租人按照规定支付土地租金并完成更新改造后，符合条件的，国有建设用地租赁可以依法转为国有建设用地使用权出让。

（2）采取租赁方式配置的，土地使用年期最长不得超过二十年；采取先租后让方式配置的，租让年期之和不得超过该用途土地出让法定最高年限。

（3）采取租赁方式使用土地的，土地租金按年支付或者分期缴纳，租金标准根据前款以及地价评估规定确定。土地租金按年支付的，年租金应当按照市场租金水平定期评估后调整，时间间隔不得超过五年。

（参见《北京市城市更新条例》）

91. 经营性服务设施是否可让渡经营权？

经营性服务设施可按所有权和经营权相分离的方式，经业主同意和区政府认定后，将经营权让渡给相关专业机构。

（参见《北京市人民政府关于实施城市更新行动的指导意见》）

92. 经营性服务设施建设用地使用权是否可以转让或者出租？

在不改变更新项目实施方案确定的使用功能前提下，经营性服务设施建设用地使用权可依法转让或出租。

（参见《北京市人民政府关于实施城市更新行动的指导意见》）

93. 经营性服务设施建设用地使用权是否可以用于融资？

在不改变更新项目实施方案确定的使用功能前提下，可以建设用地使用权及其地上建筑物、其他附着物所有权等进行抵押融资。抵押权实现后,应保障原有经营活动持续稳定,确保土地不闲置、土地用途不改变、利益相关人权益不受损。

(参见《北京市人民政府关于实施城市更新行动的指导意见》)

94. 老旧小区现状公共服务设施配套用房可用于哪些用途?

经参与表决专有部分面积四分之三以上的业主且参与表决人数四分之三以上的业主同意,老旧小区现状公共服务设施配套用房可根据实际需求用于市政公用、商业、养老、文化、体育、教育等符合规划使用性质正面清单规定的用途。

(参见《北京市人民政府关于实施城市更新行动的指导意见》)

95. 对城市更新项目发展新产业、新业态的,怎样办理用地手续?

在符合规划且不改变用地主体的条件下,更新项目发展国家及本市支持的新产业、新业态的,由相关行业主管部门提供证明文件,可享受按原用途、原权利类型使用土地的过渡期政策。过渡期以5年为限,5年期满或转让需办理用地手续的,可按新用途、新权利类型,以协议方式办理用地手续。

(参见《北京市人民政府关于实施城市更新行动的指导意见》)

96. 城市更新项目资金支持来源有哪些?

(1)各区可统筹区级财政资金、市政府固定资产投资资金、市级相关补助资金支持更新项目。

(2)鼓励市场主体投入资金参与城市更新;鼓励不动产产权人自

筹资金用于更新改造。市、区人民政府可以对涉及公共利益、产业提升的城市更新项目予以资金支持，引导社会资本参与。

（3）鼓励金融机构创新金融产品，支持城市更新。适应城市更新融资需求，依据审查通过的实施方案提供项目融资。

（4）鼓励通过依法设立城市更新基金、发行地方政府债券、企业债券等方式，筹集改造资金。

（参见《北京市城市更新条例》
《北京市人民政府关于实施城市更新行动的指导意见》）

97. 城市更新项目所需经费涉及政府投资的由谁承担？

城市更新所需经费涉及政府投资的主要由区级财政承担，各区政府应统筹市级相关补助资金支持本区更新项目。

（参见《北京市人民政府关于实施城市更新行动的指导意见》）

98. 城市更新项目的不动产登记如何办理？

更新项目不动产登记按照《不动产登记暂行条例》及相关规定办理。具体为：当事人或者其代理人应当到不动产登记机构申请不动产登记。申请人应当提交下列材料，并对申请材料的真实性负责：①登记申请书；②申请人、代理人身份证明材料、授权委托书；③相关的不动产权属来源证明材料、登记原因证明文件、不动产权属证书；④不动产界址、空间界限、面积等材料；⑤与他人利害关系的说明材料；⑥法律、行政法规以及本条例实施细则规定的其他材料。登记事项自记载于不动产登记簿时完成登记。不动产登记机构完成登记，应当依法向申请人核发不动产权属证书或者登记证明。

（参见《北京市人民政府关于实施城市更新行动的指导意见》
《不动产登记暂行条例》）

99. 纳入城市更新计划的项目，享有哪些行政类优惠政策？

（1）依法享受行政事业性收费减免，相关纳税人依法享受税收优惠政策。

（2）建立科学合理的并联办理工作机制，优化程序，提高效率。实施主体依据审查通过的实施方案申请办理投资、土地、规划、建设等行政许可或者备案，由各主管部门依法并联办理；符合本市简易低风险工程建设项目要求的，按照相关简易程序办理。

（参见《北京市城市更新条例》）

100. 对于部分领域设备购置与更新改造，贷款贴息方面有哪些支持？

（1）支持领域

支持科技创新、先进制造业、先进制造业和现代服务业"两业"融合发展、新型基础设施、节能降碳改造升级、社会投资公共服务、文化旅游、城市地下综合管廊、垃圾处理体系建设等9大领域34个细分领域设备购置与更新改造。

对符合本市高精尖产业发展规划，推动信息服务业、科技服务业、智能装备、医药健康、新能源产业、人工智能、集成电路等产业集群化发展的项目予以优先支持。

（2）适用范围

适用于在2023年1月1日至11月30日期间签订贷款合同并实际发生采购、可形成固定资产投资的设备购置与更新改造项目。项目可为单独设备购置，也可为固定资产投资项目中设备购置的部分，政策期内实际设备采购金额应达到500万元及以上。

(3) 银行贷款

由各银行按照市场化原则,自主选择符合政策规定及授信审批要求的项目,签约投放贷款。贷款资金不得用于非设备购置或更新改造服务采购用途。各银行应按照市场化法治化原则合理确定利率水平,鼓励贷款利率达到各银行同期同类型贷款最优惠水平。

(4) 贷款贴息

对符合条件的项目给予 2.5 个百分点的贴息,期限 2 年。贷款实际利率低于 2.5% 的按实际利率贴息。贴息期以银行首批贷款资金发放日为起始日。贴息资金框定总额、分批下达,鼓励项目单位早申早享。

(参见北京市《关于推动"五子"联动对部分领域设备购置与更新改造贷款贴息的实施方案(试行)》)